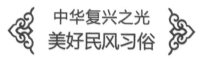

中华复兴之光
美好民风习俗

华美服装艺术

梁新宇 主编

汕头大学出版社

图书在版编目（CIP）数据

华美服装艺术 / 梁新宇主编. -- 汕头 ： 汕头大学
出版社，2017.1（2023.8重印）
　　（美好民风习俗）
　　ISBN 978-7-5658-2824-9

　　Ⅰ. ①华… Ⅱ. ①梁… Ⅲ. ①民族服饰—中国 Ⅳ.
①TS941.742.8

中国版本图书馆CIP数据核字(2016)第293456号

华美服装艺术　　　　　　　HUAMEI FUZHUANG YISHU

主　　编：梁新宇
责任编辑：邹　峰
责任技编：黄东生
封面设计：大华文苑
出版发行：汕头大学出版社
　　　　　广东省汕头市大学路243号汕头大学校园内　邮政编码：515063
电　　话：0754-82904613
印　　刷：三河市嵩川印刷有限公司
开　　本：690mm×960mm　1/16
印　　张：8
字　　数：98千字
版　　次：2017年1月第1版
印　　次：2023年8月第4次印刷
定　　价：39.80元
ISBN 978-7-5658-2824-9

前　言

党的十八大报告指出："把生态文明建设放在突出地位，融入经济建设、政治建设、文化建设、社会建设各方面和全过程，努力建设美丽中国，实现中华民族永续发展。"

可见，美丽中国，是环境之美、时代之美、生活之美、社会之美、百姓之美的总和。生态文明与美丽中国紧密相连，建设美丽中国，其核心就是要按照生态文明要求，通过生态、经济、政治、文化以及社会建设，实现生态良好、经济繁荣、政治和谐以及人民幸福。

悠久的中华文明历史，从来就蕴含着深刻的发展智慧，其中一个重要特征就是强调人与自然的和谐统一，就是把我们人类看作自然世界的和谐组成部分。在新的时期，我们提出尊重自然、顺应自然、保护自然，这是对中华文明的大力弘扬，我们要用勤劳智慧的双手建设美丽中国，实现我们民族永续发展的中国梦想。

因此，美丽中国不仅表现在江山如此多娇方面，更表现在丰富的大美文化内涵方面。中华大地孕育了中华文化，中华文化是中华大地之魂，二者完美地结合，铸就了真正的美丽中国。中华文化源远流长，滚滚黄河、滔滔长江，是最直接的源头。这两人文化浪涛经过千百年冲刷洗礼和不断交流、融合以及沉淀，最终形成了求同存异、兼收并蓄的最辉煌最灿烂的中华文明。

五千年来，薪火相传，一脉相承，伟大的中华文化是世界上唯一绵延不绝而从没中断的古老文化，并始终充满了生机与活力，其根本的原因在于具有强大的包容性和广博性，并充分展现了顽强的生命力和神奇的文化奇观。中华文化的力量，已经深深熔铸到我们的生命力、创造力和凝聚力中，是我们民族的基因。中华民族的精神，也已深深植根于绵延数千年的优秀文化传统之中，是我们的根和魂。

中国文化博大精深，是中华各族人民五千年来创造、传承下来的物质文明和精神文明的总和，其内容包罗万象，浩若星汉，具有很强文化纵深，蕴含丰富宝藏。传承和弘扬优秀民族文化传统，保护民族文化遗产，建设更加优秀的新的中华文化，这是建设美丽中国的根本。

总之，要建设美丽的中国，实现中华文化伟大复兴，首先要站在传统文化前沿，薪火相传，一脉相承，宏扬和发展五千年来优秀的、光明的、先进的、科学的、文明的和自豪的文化，融合古今中外一切文化精华，构建具有中国特色的现代民族文化，向世界和未来展示中华民族的文化力量、文化价值与文化风采，让美丽中国更加辉煌出彩。

为此，在有关部门和专家指导下，我们收集整理了大量古今资料和最新研究成果，特别编撰了本套大型丛书。主要包括万里锦绣河山、悠久文明历史、独特地域风采、深厚建筑古蕴、名胜古迹奇观、珍贵物宝天华、博大精深汉语、千秋辉煌美术、绝美歌舞戏剧、淳朴民风习俗等，充分显示了美丽中国的中华民族厚重文化底蕴和强大民族凝聚力，具有极强系统性、广博性和规模性。

本套丛书唯美展现，美不胜收，语言通俗，图文并茂，形象直观，古风古雅，具有很强可读性、欣赏性和知识性，能够让广大读者全面感受到美丽中国丰富内涵的方方面面，能够增强民族自尊心和文化自豪感，并能很好继承和弘扬中华文化，创造未来中国特色的先进民族文化，引领中华民族走向伟大复兴，实现建设美丽中国的伟大梦想。

目 录

服装风格

艺术之美

上衣下裳

　　我国的服装历史上可追溯至黄帝时期，后来考古发现的实物也证明其历史的久远。夏商时的服装制度已初见端倪，至周代渐趋完善，并被纳入"礼治"的范围，当时的服装依据穿着者的身份、地位而有所不同。

　　在春秋时期，出现一种名为"深衣"的新型连体服装。深衣的出现，改变了过去单一的服装样式，因此深受人们的喜爱。

　　在战国时期，胡服的诞生打破了服装的旧样式。胡服的短衣、长裤和革靴设计，利于骑射，便于活动而广为盛行，因此，"胡服骑射"成为佳话。

黄帝开创上衣下裳

　　传说在远古部落林立的时期，在陕北的黄土高原上，有两个非常强大的部落联盟。这两个部落联盟的首领，一个叫神农氏，被后世称为"炎帝"；一个叫轩辕氏，被后世称为"黄帝"。

在他们向东迁移扩张的时候，炎帝族遇到了居于后来豫东、苏北一带的另一个部落联盟的首领蚩尤，双方发生了战斗。由于蚩尤族力量非常强大，炎帝便求助于黄帝。于是，黄帝调集人马，与蚩尤于涿鹿决战，最后打败了蚩尤，从此天下获得了太平。

在那个时候，人们为了防御寒冷、遮避风雨及防止烈日的照晒，也为了蔽挡虫兽的袭击，就用树的叶皮、丛生的草葛、猎获的兽皮等遮裹身躯。

黄帝看到人们所穿的"衣服"，在行走奔跑时常会将私处暴露无遗，便别出心裁，教人们把裹身的兽皮、麻葛分成上下两部分，上身为"衣"，缝制袖筒，呈前开式，下身为"裳"，前后各围一片用于遮蔽之用，两端开叉，便于行走。

黄帝制作"衣服"最初是为了遮护性器官，强调了它的遮羞功能，这是华夏文明的巨大进步。这种上衣下裳的形制，这种实用与审美的有机结合，结束了过去只为取暖的单一状态，成为了我国上古时期服装形制的发端。

随着服装形制的初步形成，黄帝又命元妃嫘祖教人们养蚕。那时人们还不知道蚕的用处，所以养蚕的人不多。嫘祖就先从种桑、喂蚕开始，然后再教大家缫丝、织帛等过程和方法。这样人们织出的帛比麻布光滑细润，再染上颜色，做成衣裳，光华夺目，人人爱慕。

随着养蚕织帛的人越来越多，服装的质料也逐渐完成了以纺织品替代兽皮、树叶等的过渡，开始了生活的文明进步。

在黄帝时期，人们对神秘莫测的自然现象还无法做出合理的解释，因而出现了对自然崇拜的现象。受这一因素的影响，当时人们的服装色彩及纹饰大多参照大自然中的一些现象而绘制图案，比如彩虹、日月等。

我国古典哲学书籍《易·系辞下》中记载说，黄帝"垂衣裳而天下治，盖取诸乾坤。"这里"乾"指天，"坤"则指地。天际在未明时色玄，即黑色。大地的表面色黄，古人以上衣、下裳象征天和地。衣用玄色，裳用黄色，并施以取象自然界日月山川及鸟兽虫草之纹的服装，在当时已经流行开了。

除了黄帝创制上衣下裳之制的传说外，后来考古发现则为我国服装的起源和发展提供了实物旁证。

北京周口店山顶洞人遗址中出土的骨针实物，以及其他地区

骨锥、骨针的陆续发现证明，在距今约1.8万年前，我国古代先民已初步掌握了缝缀的技能。他们用锐利的石器、骨角将兽皮分割，按身体基形，再用磨制的骨锥、骨针进行简单的拼合缝纫，制作各种较为适体的衣装。

随着我国原始缝纫技术的出现，先民们的穿着水平进入了一个新的发展阶段，同时增强了对自然的适应能力和斗争能力，扩大了其活动区域，也相应地促进了生产的发展。

在原始社会后期，我国先民逐步从狩猎进入渔猎、畜牧和农业阶

段。他们在长期利用野生植物纤维、兽毛编织物的基础上，发明了纺织的原始工具，比如陶和石制纺轮。并利用麻、葛及畜毛纤维织布，并取矿物、植物颜料染色，制作简单的服装。

在我国仰韶文化时期的河南三门峡庙底沟、西安半坡遗址中，发掘出土的陶器底部，都曾发现麻布痕迹。其布纹组织每平方厘米已有经纬10根左右。这些实物遗迹为探究当时的纺织和衣着水平，提供了依据。

原始纺织的出现，从根本上改变了我国先民的衣着状况，为服装形式逐渐完善奠定了基础。

养蚕、缫丝、织绸，是我国先民对服装发展所做出的世界性贡献。我国先民利用蚕丝纺织衣料，距今已有近5000年的历史，育蚕取丝的历史则更早。

在浙江吴兴钱山漾遗址中，出土了一批距今4700年前的丝带、丝帛等织物，这是迄今所见到的年代最早的丝织品实物。丝织物柔软、轻盈，并富有光泽，它的出现改善了服装的性能，极大丰富了我国先民的衣料构成，也增添了服装的美感效果。

随着上衣下裳的形成，与此相应的首服及足装也逐渐出现了。首服就是帽子，它源于防寒避暑的需要。在当时，人们用枝叶编环遮头，后来又利用兽皮、织物缝合成圆形帽子。原始足装的形成，最初用以御寒及减轻行走时的阻碍，当时以兽皮裹足为主。首服和足装同样对后世产生了深远影响。

黄帝开创的上衣下裳的形制，推进了华夏文明的历史进程。后来考古发现证明，原始衣式从整片的披围到依体简单缝缀成形，经历了一个由简至繁的逐步发展过程，同时也是人类文明的发展过程。

相传，古时炎帝的形象是：身着红色襦，臂膊上戴有形似臂箍的东西，小腿上着绑腿，头戴鸟羽帽，手执农具，俨然是一幅农人的画像。因为炎帝和黄帝为兄弟，只是分别治理不同的地域而已。家族的第一原则就是合族，所以，黄帝在涿鹿打败蚩尤后，炎帝的小宗就归到了黄帝的大宗。

黄帝和炎帝两大部落联盟合在一起，共同形成了华夏族，因而他们都被视为是华夏民族共同的祖先，被称为"人文始祖"，是华夏道统的象征，因此，我们中国人都自称是"炎黄子孙"。

知识点滴

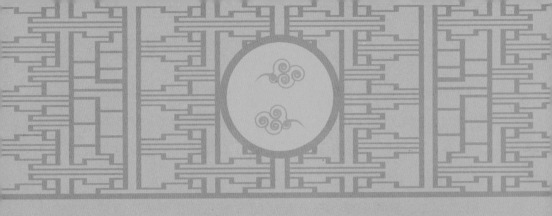

夏商周服装赋予礼制内容

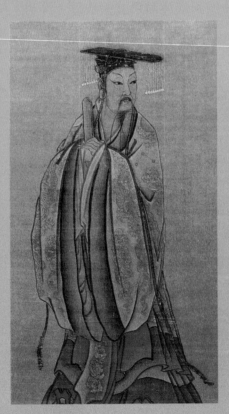

黄帝时期上衣下裳的形制发展到夏商周时期，在继承前代的基础上各有变革和发展。由于这一时期政治伦理思想的产生及日益丰富，服装也被赋予了强烈的阶级意识，体现了"礼"的重要内容。

我国古代奴隶社会把国王称作"天子"，以国王的冕服为中心的章服制度逐步形成、发展和完备起来。据我国儒家经典著作《论语》记载："子曰，禹，吾无间然矣……恶衣服而致美乎黻冕。"大致的意思是说，夏禹平时生活节

俭，但在祭祀时，则穿华美的黻冕礼服，以表示对神的崇敬。

国王有至高无上的权力。在殷墟甲骨文中，有王、臣、牧、奴、夷、王令等文字，表示阶级等级制度已经形成。据我国最早的史书《尚书·商书·太甲》中记载："伊尹以冕服，奉嗣王归于亳。"意思是说，曾辅佐商汤王建立商朝的贤相伊尹戴着礼帽，穿着礼服，迎接嗣王太甲回到亳都。这说明当时奴隶主贵族要穿戴冕服举行重大的仪式。

以上两例史料说明，夏、商两代已有冕服：夏代的冕冠纯黑而赤，前小后大；商代的冕冠黑而微白，前大后小；周代则黑而赤，前小后大。这是后来的东汉文学家蔡邕在《独断》中的记载。

国王在举行各种祭祀时，要根据典礼的轻重，分别穿6种不同格式的冕服，总称六冕。所谓冕服，就是由冕冠和礼服配成的服装。这6种

不同格式的冕服是：大裘冕、衮冕、鷩冕、毳冕、希冕和玄冕。

大裘冕是国王祭祀上天的礼服，衮冕是国王的吉服，鷩冕是国王祭祀先公与飨射的礼服，毳冕是国王祭祀四望山川的礼服，希冕是国王祭祀社稷先王的礼服，玄冕是国王祭祀群小即林泽四方万物的礼服。大裘冕与中单、大裘、玄衣、纁裳配套，后五者与中单、玄衣、纁裳配套。

此外，六冕还与大带、革带、韨、佩绶、舄履等相配，并因服用者身份地位的高低，在花纹等方面加以区别。

商周时期冕冠的形式，大体上是在一个圆筒式的帽卷上面，覆盖一块冕板，或称为延或綖，冕板的尺寸有说宽8寸，长16寸的，也有说宽7寸，长12寸或长6寸8寸的，以前一种说法较多。

冕板装在帽卷上，后面比前面应高出一寸，使之呈现向前倾斜之势，即有前俯之状，具有国王应关怀百姓的含义，冕的名称即由此而来。

冕板以木为体，上涂黑色象征天，下涂浅红色象征地。冕板前圆后方，也是天地的象征。前后各悬12旒，每旒贯12块五彩玉，按朱、白、苍、黄、玄的顺次排列，每块玉相间距离各1寸，每旒长12寸。

　　冕冠的帽卷以木做骨架，后来改用竹丝，并且夏天用玉草，冬天用皮革，外裱黑纱，里衬红绢，左右两侧各开一个孔，用来穿插玉笄，使冕冠能与发髻相结合。

　　帽卷底部有帽圈，叫作"武"。从玉笄两端垂黈纩于两耳旁边，也有称它为"瑱"或"充耳"的说法，总之是表示国王不能轻信谗言。黈纩是由黄色丝绵做成的球状装饰。

　　至于冕冠的旒数，则按典礼轻重和服用者的身份而定。按典礼轻重来分，天子祭祀天帝的大裘冕和天子吉服的衮冕用12旒；天子享先公服鷩冕用9旒，每旒贯玉9颗；天子祭祀四望山川服毳冕用7旒，每旒贯玉7颗；天子祭社稷五祀服希冕用5旒，每旒贯玉5颗；天子祭群小服玄冕用3旒，每旒贯玉3颗。

　　按服用者的身份地位分，只有天子的衮冕用12旒，每旒贯玉12颗。公、侯、伯、子、男、卿、大夫、三公则各有不同，公之服只能低于天子的衮冕，用9旒，每旒贯玉9颗；侯和伯只能服毳冕，用7旒，每旒贯玉7颗；子男只能服毳冕，用5旒，每旒贯玉5颗；卿、大夫服玄冕，按官位高低玄冕又有6旒、4旒、2旒的区别，三公以下只用前旒，没有后旒。

凡是地位高的人可以穿低于规定的礼服，而地位低的人不允许越位穿高于规定的礼服，否则要受到惩罚。

这些冕冠的形制，世代传承，历代皇帝不过是在承袭古制的前提下，加一些更改罢了。

周代国王的礼服除上述6种冕服之外，还有4种弁服，即用于视朝时的皮弁、兵事的韦弁、田猎的冠弁和士助君祭的爵弁。

皮弁形如复杯，系白鹿皮所做的尖顶瓜皮帽，天子以五彩玉12块饰其缝中，白衣素裳。天子在一般政事活动时所戴。韦弁赤色，配赤衣赤裳，晋代韦弁如皮弁，为尖顶式。冠弁就是委貌冠，也称皮冠，配缁布衣素裳。爵弁为无旒，无前低之势的冕冠，较冕冠次一等，配玄衣纁裳，不加章采。

周代王后的礼服与国王的礼服相配衬，也和国王冕服那样分成6种规格，即儒家经典《周礼·天官》中记载的"袆衣、揄狄、阙狄、鞠衣、襢衣、褖衣"。

其中前3种为祭服，袆衣是玄色加彩绘的衣服，揄狄青色，阙狄赤色。鞠衣桑黄色，襢衣白色，褖衣黑色。揄狄和阙狄是用彩绢刻成雉鸡之形，加以彩绘，缝于衣上做装饰。这6种衣服都用素纱内衣为配。

同时，王后的礼服不仅采用上衣与下裳不分的袍式，表示妇女感情专一，而且各自的头饰也是不同的，据《周礼·天官》中记载："副、编、次、追、衡、笄"，其中以"副"

最为贵重，其他次之。

除了上述的冕服以外，商周时期还有一般性服装，它们是弁服、玄端、深衣、袍、裘和军戎服。

弁服是仅次于冕服的一种服饰。是天子视朝、接受诸侯朝见时穿用的服饰。

弁服的形制与冕服相似，最大不同是不加章。其上锐小，下广大，如若人的两手相合状。弁与冠自天子至于士都得戴之，到周代，冕与弁遂分其尊卑，即冕尊而弁次之。

玄端为国家的法服，从天子到士大夫皆可穿，天子平时穿戴的闲居之服。诸侯祭宗庙也穿玄端，大夫、士人早上入庙，叩见父母时也穿这种衣服。

玄端衣袂和衣长都是22寸，正幅正裁，玄色，无纹饰，以其端正，故名为玄端。诸侯的玄端与玄冠素裳相配，上士亦配素裳，中士配黄裳，下士配前玄后黄的杂裳，并用黑带佩系。

深衣是上衣与下裳连成一体的长衣服，但后来的儒家学者为了继承传统观念，按规矩在裁剪时仍把上衣与下裳分开来裁，然后又缝接成长衣，以表示尊重祖宗的法度。

深衣一般用白布制作，下裳用6幅，每幅又交解为二，共裁成12幅，以应每年有12个月的含义。这12幅有的是斜角对裁的，裁片一头宽一头窄，窄的一头叫作"有杀"。在裳的右后衽上，用斜裁的裁片缝接，接出一个斜三角形，穿的时候围绕于后腰上，称为"续衽钩边"。

这种款式就像湖南长沙马王堆1号汉墓出土的那种"曲裾"袍的样子，但具体的裁法，书上的说法也不一致。据《深衣篇》记载，深衣是君王、诸侯、文臣、武将、士大夫都能穿的，诸侯在参加除夕祭祀时就不穿朝服而穿深衣。

按照儒家理论，深衣的袖圆似规，领方似矩，背后垂直如绳，下摆平衡似权，符合规、矩、绳、权、衡五种原理，所以深衣是比朝服次一等的服装。庶人用它当作"吉服"来穿。深衣盛行于春秋战国时期。

袍也是上衣和下裳连成一体的长衣服，但有夹层，夹层里装有御寒的旧棉絮。如果夹层所装的是新棉絮，则称为"茧"。若装的是劣质的絮头或细碎枲麻充数的，称之为"缊"。

在周代，袍是作为一种生活便装，而不作为礼服的。古代士兵

也穿袍。《诗经·秦风·无衣》："岂曰无衣，与子同袍。"意思是说，谁说你没有军装？我与你同穿那套罩衣。这是描写秦国军队在供应困难的冬天，兵士们的生活情形。

另外，袍中有一种短衣叫作襦，是比袍短一些的棉衣。若是质料粗陋的襦衣，则称"褐"。褐是劳动人民的服装。《诗经·豳风》："无衣无褐，何以卒岁。"意思是说，粗麻衣服都没一件，怎能熬过腊月天？

裘是最早用来御寒的衣服，就是兽皮，使用兽皮做衣已有上万年的历史。原始的兽皮未经硝化处理，皮质发硬而且有异味，直到商周时才掌握了熟皮的方法，使其柔软、无异味、轻盈及保暖，并且改进了各种兽皮的缝制方法，开始受宠于达官贵人，例如天子的大裘采用黑羔皮来做，大人贵族则穿锦衣狐裘。

狐裘中以白狐裘为珍贵，其次为黄狐裘、青狐裘、虎裘、貉裘，再次为狼皮、狗皮、老羊皮等。狐裘除本身柔软温暖之外，还有"狐死守丘"的说法，说狐死后头朝洞穴一方，有不忘其本的象征意义。

天子、诸侯的裘用全裘不加袖饰，下卿、大夫则以豹皮饰作袖端。此类裘衣制作时皮毛向外，天子、诸侯、卿大夫在裘外披罩衣，天子白狐裘的罩衣用锦，诸侯、卿大夫上朝时要穿朝服。士以下无罩衣。

军戎服是商周时期的军队装备。目前考古发现的有商代铜盔、周

代青铜盔和青铜胸甲。周代有"司甲"的官员掌管甲衣的生产，由"函人"监管制造。

军戎服分为犀甲、兕甲、合甲3种。犀甲用犀革制造，将犀革分割成长方块横排，以带绦穿连分别串接成与胸、背、肩部宽度相适应的甲片单元，每一单元称为"一属"。然后将甲片单元一属接一属地排叠，以带绦穿连成甲衣，犀甲用七属即够甲衣的长度。

兕甲是用兕革制的铠甲。兕是一种与犀牛类似的动物。兕甲比犀甲坚固，切块较犀甲大，用六属，也就是6节甲片即够甲衣的长度。

合甲是连皮带肉的厚革，特别坚固，割切更困难，故切块又比兕甲更大，用五属，也就是5节甲片即够甲衣的长度。《考工记》说犀甲寿百年，兕甲寿200年，合甲寿300年。

军戎服中的盔帽最先以皮革缝制，青铜冶炼技术兴起以后，出现了铜盔和由铜片串接或铜环扣接的铜铠甲。此外，铜盔顶端留有插羽毛的孔管，古时插鹖鸟的羽毛来象征勇猛。因鹖鸟凶猛好斗，至死不怯。

军戎服中用铜片串接的叫片甲，用铜环扣锁的叫锁甲。甲衣也可加漆，用黑漆或红漆以及其他颜色。在甲里再垫一层丝绵的称为练甲，穿甲的战士称甲士。甲衣外面还可再披裹各种颜色的外衣，称为裹甲。

　　由各种鲜明的颜色制作的衣甲和旗帜，组成威严的军阵。色彩不但可以助振军威，激励斗志，而且也便于识别兵种及官兵的身份，有利于军事指挥。

　　　　夏商周三代的服装材料如丝绸、麻布、裘皮等都不能长期保存，因此考古发现的直接材料是极稀有的。但考古发现的其他实物，可作为了解古代服装的款式及纹样的间接材料。

　　　　对山西夏县西阴村新石器晚期遗址的发掘和研究，可知夏代已用丝绸、麻布做衣料，并用朱砂染色。商代已经用麻布、绢、缣，考古实物中还有商代纹绮残痕，是现存世界上最古老的织花丝绸文物标本。西周的高级服装材料，已用织锦和刺绣，后来考古发现了古代多种质地的纺织物，即使叠加在一起，仍然层次分明。

知识点滴

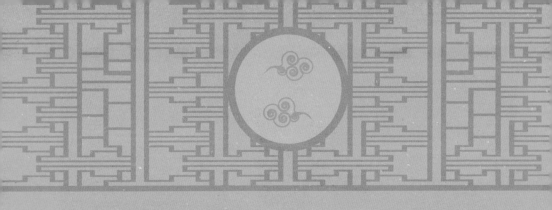

春秋战国丰富多样的款式

春秋战国时期的服装，一方面是深衣的推广和北方游牧民族的"胡服"被引入中原，体现出各民族服装的融合，另一方面，不同地域的服装各具特色。

春秋战国时期的深衣，将过去上下不相连的衣裳连属在一起。它的下摆不开衩口，而是将衣襟接长，向后拥掩，即所谓"续衽钩边"。

深衣在战国时相当流行，是士大夫阶层居家的便服，又是庶人百姓的礼服，男女通用。周王室及赵、中山、秦、齐等国的遗物中，均曾发现穿深衣的人物形象。楚墓出土木俑的深衣，细部结构表现得更为明确。

从出土文物来看，春秋战国时衣裳连属的服装较多，用处也广，有些可以看作深衣的变式。

江陵马山1号楚墓曾出短袖的"衣"，据《说文》的解释，这是一种短衣。根据其托钟金人的服

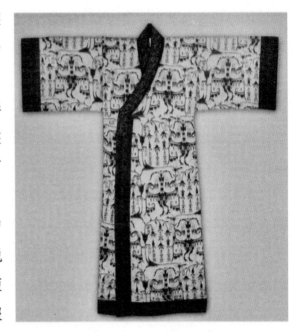

装看，应即短袖之衣。可见短袖衣是楚服的一个特征。

此外，湖南长沙仰天湖楚墓出土有彩绘木俑，着交领斜襟长衣和直襟齐足长衣，其剪裁缝纫技巧考究，凡关系到人体活动的部位多斜向开料，既便于活动，又能显示体态的优美。这是深衣在春秋战国末期的一种变化形式，曾是妇女的时装，对男装也有相当影响。

河南信阳楚墓出土有木俑，袖口宽大下垂及膝，显得庄重，属于特定礼服类。而河南洛阳金村韩墓出土有两只舞女玉佩，穿曲裾衣，扬起一袖，腰身极细，垂发齐肩略上卷，大致是后来《史记》所说燕赵少女"揳鸣琴，蹑利屣，游媚公卿间"的典型装束。

胡服主要指衣裤式的服装，尤以着长裤为特点，是我国北方草原民族的服装。为骑马方便，他们多穿较窄的上衣、长裤和靴。

胡服是战国时期赵武灵王首先用来装备赵国军队的。赵国与林胡、楼烦、东胡、义渠、空同、中山等地区游牧民族接壤，为了抗击

异族的侵扰，赵武灵王毅然施行服式改革，即废弃宽博衣式，改穿紧身窄袖短衣及长裤革靴的胡装，以便士兵作战。

胡服具有实用性、便捷性的特点，并且有利于山地及骑射作战的特点。这种胡服引入中原后，最初用于军中，后来传入民间，成为一种普遍的装束。此后历代皆以为戎服，或用其冠，或用其履，或用其衣服及带，或三者皆用。

赵国的服装改制，对于固疆域、强军旅起了巨大的作用。同时，胡服也第一次较大规模地进入中原地区，并成为当地的一种服装。

由于春秋战国时期各诸侯国各自为政，各自有不同的文化习俗，因而导致不同地域国家的服装各具特色。

中原地区，地处黄河中游，为周和三晋所有，服装虽有繁简不同，然而西周以来质朴的曲裾交领式服装始终居于主流。这种衣式，

通为上衣下裳连属，衣长齐膝，曲领右衽。

齐鲁地区地处黄河中下游，当地女性好绾偏左高髻。长裙收腰曳地，窄长袖，异于中原三晋地区女式"深衣"，色彩分为红、黄、黑、褐条纹。

山东长岛发现的战国齐国贵族墓所出土的女性陶俑发式则有高髻、双丫髻、后垂发3种；上衣为窄长袖，

交领右衽，多为淡青色，亦有黄色、红色；下衣为长裙，似与上衣连属，多饰红、黑直条纹，沿直条加施白点，有束红、白腰带者。

同一墓葬出土的铜鉴上的人像服装，狩猎者为上衣短袴，挑担者为齐膝长袍，乐舞者、御者、烹人等均长衣曳地，亦有身后拖"燕尾"的，此类出土文物真实地反映了当时人们的穿着特点。

北方地区如中山国和燕国，服装类似三晋地区。从战国中晚期中山国国王墓出土的银首人形铜灯可见，人首双目嵌黑宝石，粗眉，唇上留齐整短髯，似男性形象。头发后梳，拢于脑后为大髻；衣着宽大袖口的交领，右衽"深衣"，曲裾缠身多层，呈"燕尾"曳地，腰带用带钩和环配系，衣上花纹间填朱、黑色漆，既有齐衣晋带的特征，又具有北方格调。

陪葬坑内所出4个小玉人，女性发型梳理成牛角形双髻，颇似侯马晋国人形陶范上的月牙形冠饰；儿童则头顶结一圆形髻；衣式或矩领右衽，或上衣下裙齐足，下露内裙一部，有腰带，裙上均有大小相间方格纹。

西北秦地由于地域寒冷，服装厚重而实用，但逊华丽韵味。当然权贵例外，雍城秦公大墓即出土玉鞋底一副。

在陕西铜川枣庙6座春秋晚期秦墓中，出土的8件泥塑彩俑，衣式均为紧袖右衽束腰长袍，有黑色而领边及衣襟饰红点和黑红色的两种，衣长或齐膝，或垂至足面；鞋分黑色圆头履和方头履两种。

秦咸阳宫发现炭化丝绸衣服一包，有单衣、夹衣、绵衣，分锦、绮、绢几种，大多为平纹织物。可见秦人服装着重实用。

秦人服装又因地理环境及生活习惯，通常有三重，依次为汗衣、袍茧、长儒，右衽交领，衣领上雍颈，以应气候寒冽之变。其长襦也仅短至膝上，束腰带，利于行动便捷。

吴越地处东南隅，位于长江下游，服装拙而有式，守成而内具机变。长期以来，当地人一直保持着因地制宜的服装款式。

楚国位于江汉地区，势力跨过长江中下游部分地区，楚服素有轻丽之誉。各地楚墓相继发现的皮手套、皮鞋、麻鞋与大量彩绘木、陶、玉俑，包括"遣策"所记种种服装款式。

如与《楚辞》中对服式的描绘相参照，无不可领会到楚人衣服的轻盈细巧，冠式巾帽的奇丽，款式的纷繁华艳。

江淮之间小国林立，受南北大国的掣肘，其服装款式亦深受影响。如姬姓曾国，为南部楚国的附庸，服装鲜有中原风格而有浓厚的楚服特色。又如地处淮水南的黄国，则与北部大国的服装风格接近。

　　总之，春秋战国时期的衣服款式丰富多样，深衣和胡服的形制交互影响，并且互有所取之处，这也正是我国古代服装宝库的精彩所在。

赵武灵王在推行胡服骑射政策之初，曾经受到保守派的反对，其中就包括他的叔叔公子成。赵武灵王耐心地说服了宗室贵族集团的首领公子成，向他表明了自己改革的决心和对以胡服骑射为标志的全面改革的整体构想。公子成被说服了，赵国的宗室贵族的意见也就统一了。

　　于是，赵武灵王正式颁布法令，赵国全境实行胡服骑射，结果使军队的战斗力得到增强。赵武灵王主动打破华夏、戎狄传统观念的勇气，在当时的中原各国中是十分罕见的。

知识点滴

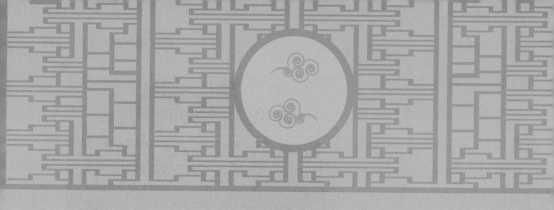

春秋战国时的面料及制作

春秋战国时期所使用的服装面料乃至加工方式，对我国古代服装业的发展具有奠基意义。

春秋战国时期，由于各诸侯国纷纷变法争雄，提倡耕织，城市手工业作坊与官营作坊并存，农村男耕女织，已初步形成封建经济的模式。

在当时，齐、鲁地区先进的织绣技艺，通过匠人、刺绣缝纫工、织丝绸工等，逐渐向其他地区流传。

齐国女工的纺织技术极为著名，生产出来的丝织物行销

非常广泛，正所谓"冠带衣履天下"。当时各诸侯国常用丝织物做赏品，多到一次达5000匹。

根据史籍记载和出土文物，当时的服装面料十分丰富。在今湖南、湖北、河南各省出土的楚墓文物表明，其服装及织绣技艺水平极为高超。丝织物主要为王公大臣所用，百姓多用麻织物。

麻织物比丝织物更为普遍，是当时劳动人民的主要衣料，也是当时的主要商品。周朝时期官吏的帽子多用大麻纤维织成。

1982年，考古工作者在湖北江陵马山1号楚墓出土的战国中期衣物35件和一批纺织品，保存极为完好，出土时色彩如新，这是王公贵族所用丝织物的直接资料。其中包括：绢为平纹的素织物、绨为平纹的素织物、方孔纱组织织物、素罗为绞纱的组织织物，以及彩条纹加以深红、黑、土黄3种经丝相间，还有二色锦和三色锦，均系经丝起花的经锦。

绢织物的经纬不加捻，有的织后经过煮炼，有的经过捶研处理，光泽较好，细绢做面料用，粗绢做里子用。

绨织物的经纬是双股合成，其织物比较厚，一般不作为服装面料，而只作为鞋面之用。

彩条纹绮织物的深红、土黄色经丝在彩条区内又分粗细两种，一隔一相间排列。细经平织，粗经在起花时按三上一下的织法织出浮长线，相邻的两根粗经浮长点相同。其余不起花部分平织，纬丝棕色。这种彩条纹绮经刺绣加工后做衣服镶边料之用。

锦均系经丝起花的经锦。组织为经两重组织，经密一般高于纬密。经丝一般比纬丝粗。有些锦的经丝加弱捻，个别加强捻。三色锦质地比二色锦厚实。做衣服面料、衣物镶边料及衾面之用。

春秋战国时期，男耕女织成为社会经济的基础，农业生产力的迅速提高包含了桑麻植物的普及与大规模的种植。有了充足的原材料，染织工艺在这时进入了一个迅猛发展的阶段。

春秋时期，蓝草的种植更加普遍，染蓝作坊也大批出现，后来的实践发现，用酒糟发酵，可以随时将沉淀的蓝泥还原出染色。这一重大的发现，促进了蓼蓝的广泛种植，染蓝的作坊也开始遍及战国时代各国。战国时期，已开始广泛采用含有单宁酸的植物染料，用媒染的方法染色。

战国时期各诸侯国的染织品已具有自己的特色。早在奴隶社会，就将华夏大地划分为九州：兖州，位于现在的河北东南与山东西部；青州，即现在山东半岛大部；徐州，位于现在的江苏、安徽北部与山东南部；扬州，即现在的江苏、安徽南部与浙江、江西、福建大部；荆州，即现在的湖南、湖北与河南、广东、广西、贵州一部分；豫州，即现在的河南黄河以南与湖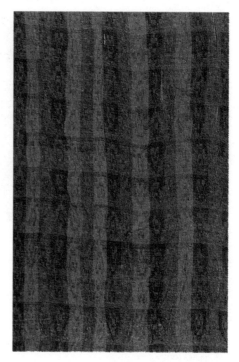北、陕西一部分；冀州，即现在的河南、河北，黄河以北与山西大部及辽宁、内蒙古一部分；梁州，即现在的四川大部与湖北、陕西、甘肃一部分；雍州，即现在的陕西北部与新疆、西藏、青海、甘肃、内蒙古的一部分。

以上各州每年都要将该地有特色的染织品或半成品列为贡赋交纳周王室。《尚书·禹贡》记载：青州贡有野蚕丝和麻织品，徐州贡有细黑红色丝织品，豫州贡有纻麻布和细丝织品等等。

战国时原属青、徐二州的齐鲁地区成为染织业的中心。临淄的罗、纨、绮、缟，陈留的彩锦，都是名品，尤以齐鲁地区最为著名，有所谓"千里桑麻"及"齐纨鲁缟"的称誉。

战国时期，农民手工业与各诸侯国官营的染织大手工业作坊都有很大的发展。各地出现了一批万户以上的城邑，成为商业与交通的中

心，不少新兴地主成了经营染织手工业的富商巨贾。

生产的发展，也促进了织机的改革。战国时，一种春秋时期发明的脚踏斜织机很快取代了传统的踞织机。斜织机的经面与水平机座成60度的倾角，由于改用脚踏提综，手可以更快地穿纬，使速度和质量有很大提高。

据记载，战国时代各诸侯国互相馈赠的丝织品数量，比春秋时高出百倍，这从一个侧面反映了当时染织业发展速度和规模。

知识点滴

蚕，原是野生在自然环境的桑树上的昆虫，以吃桑叶为主，所以也叫桑蚕。在桑蚕还没有被饲养之前，我们的祖先很早就懂得利用野生的蚕茧抽丝了。

我国养蚕织丝的历史可以追溯到3000年到5000年前，商代，丝绸生产已经初具规模，具有较高的工艺水平，有了复杂的织机和织造手艺。因此，春秋战国时期肯定有丝绸的衣服，但主要是天子、诸侯和富有的王公大臣。普通百姓只能穿麻布衣服，因为当时棉花还没有传入我国。

服装成制

秦汉时期，深衣得到了新的发展。特别在汉代，随着服装服饰制度的建立，服装的官阶等级区别更加严格。而魏晋和南北朝时期，人民迁徙杂处，政治、经济、文化风习相互渗透，形成大融合局面，服装也因而融合发展，推动了中华服装文化的发展。

隋唐时期，我国服装的发展呈现出一派空前灿烂的景象。尤其是"唐装"，由争奇斗艳的宫廷妇女服装发展到民间，被纷纷仿效，又因善于融合其他民族文化及天竺、伊斯兰等外来文化，唐贞观至开元年间十分流行胡服新装。

秦代各阶层人士的服装

公元前221年秦始皇建国后，为巩固统一，相继颁行了包括衣冠服饰等级的各种典章制度，明确规定了服装的样式和色调，以及各阶层人士应该穿着的表明其身份的服装。

秦始皇常服通天冠，废周代六冕之制，只着"玄衣纁裳"，百官戴法冠和武冠，穿袍服，佩绶。

秦代国祚甚短，只有15年，除了秦始皇按阴阳五行思想规定的服色外，一般服色仍是沿袭战国的习惯。秦国本处西陲，向来不似中原繁文缛节，服装样式较为简单，而且开始将古代作为常服的袍，正式穿着。在军事上，也效法赵武灵王的胡服，即扬弃周制的上衣下裳之服，改为上襦下裤便于骑射的形式。

由于纺织技术改进的关系，使得战国以后的服装，由上衣下裳的形式，演变为连身的长衣，这种衣着在秦代非常普遍。它的样式通常是把左边的衣襟加长，向右绕到背后，再绕回前面来，腰间以带子系住，并且往往用相间的颜色缝制，增加装饰的美感。

秦始皇规定的礼服是上衣下裳同为黑色祭服，并规定衣色以黑为最上。周人的图腾是火，秦人相信秦克周，应当以水克火，秦的水灭掉了周的火就是水德，颜色崇尚黑色。这样，在秦代，黑色为尊贵的颜色，衣饰也以黑色为时尚颜色了。

秦始皇的衣冠服制规定，三品以上的官员着绿袍，一般庶人着白袍。官员头戴冠，身穿宽袍大袖，腰配书刀，手执笏板，耳簪白笔。

书刀即在简牍上刻字或削改的刀。笏板又称手板、玉板或朝板，是当时文武大臣朝见君王时，双手执笏以记录君命或旨意，亦可以将要对君王上奏的话记在笏板上，以防止遗忘。白笔是官吏随身所带记事用的笔。

博士、儒生是秦代十分重要的阶层，他们的服装表现出独特的一面，既拘泥于传统，又有所变革。他们穿着的衣服和当时流行的服装款式有所不同，但是质地却一样的。

博士、儒生们衣着很朴素，通常是冬天穿缊袍，夏天穿褐衣，即便是居于朝中的官员，衣着也是一般，基本都够不上华丽。

农民的服装主要是由粗麻、葛等制作的褐衣、缊袍、襦等构成。

奴隶和刑徒最明显的标志是红色，是史书上所说的"赭衣徒"。这些人都不得戴冠饰，只允许戴粗麻制成的红色毡巾。

秦时也有裤子出现，源自北方的游牧民族骑马打猎时的穿着，样式跟现代的灯笼裤相似，汉族人在种田、捕鱼时也穿着这种裤子。

秦代服装主要受前朝影响，仍以袍为典型服装样式，分为曲裾和直裾两种，袖也有长短两种样式。秦代男女日常生活中的服装形制差别不大，都是大襟窄袖，不同之处是男子的腰间系有革带，带端装有带钩；而妇女腰间只以丝带系扎。

秦代多以袍服为贵，袍服的样式以大袖收口为多，一般都有花边。百姓、劳动者或束发髻，或戴小帽，身穿交领长衫，窄袖。

秦始皇喜欢宫中的嫔妃穿着漂亮，因而妃嫔服色以迎合他个人喜好为主。但由于受五行思想的支配，妃嫔夏天穿"浅黄藂罗衫"、披"浅黄银泥云披"，而配以芙蓉冠、五色花罗裙、五色罗小扇和泥金鞋加以衬托。

不同于其他朝代的是，秦代服装的亮点是军服。秦代军服很有特点，从秦始皇陵出土的文物中，可以了解秦代的铠甲战服，其实用性和审美性并行不悖。

秦代军官分高、中、低三级。将军一职就是秦昭王时开始设立的，秦代爵位有20个等级，第九等为五大大，可为将帅，再升七级为大良造，再升三级可封侯，关内侯为十九爵，二十爵为彻侯，即最高爵位。

　　西安出土的秦代将军俑，身穿双重长襦、外披彩色铠甲，下着长裤，足登方口齐头翘尖履，头戴顶部列双鹖的深紫色鹖冠，橘色冠带系于颔下，打八字结，肋下佩剑。

　　中级军官俑的服装有两种：一种是身穿长襦，外披彩色花边的前胸甲，腿上裹着护腿，足穿方口齐头翘尖履，头戴双版长冠，腰际佩剑；第二种是身穿高领右衽褶服，外披带彩色花边的齐边甲，腿缚护腿，足穿方口齐头翘尖履，头戴双版长冠。

　　下级军吏俑，其身穿长襦，外披铠甲，头戴长冠，腿扎行縢或护腿，足穿浅履，一手按剑，一手持长兵器。

　　另也有少数下级军吏俑不穿铠甲，属于轻装。轻装步兵俑，身穿长襦，腰束革带，下着短裤，腿扎行縢即裹腿，足登浅履，头顶右侧绾圆形发髻，手持弓弩、戈、矛等兵器。

重装步兵俑服装有3种：第一种是身穿长襦，外披铠甲，下穿短裤，腿扎行縢，足穿浅履或短靴，头顶右侧绾圆形发髻；第二种服装与第一种略同，但头戴赤钵头，腿缚护腿，足穿浅履；第三种是在脑后绾板状扁形发髻，不戴赤钵头。战车上甲士服装与重装步兵俑的第二种服装相同。

骑兵战士身穿胡服，外披齐腰短甲，下着围裳长裤，足穿高口平头履，头戴圆形小帽，叫作弁，一手提弓弩，一手牵拉马缰。

战车上驭手的服装有两种：一种是身穿长襦，外披双肩无臂甲的铠甲，腿缚护腿，足登浅履，头戴长冠。第二种的服装是甲衣的特别制作，脖子上有方形颈甲，双臂臂甲长至腕部，与手上的护手甲相连，对身体防护极严。

秦兵俑中最为常见的铠甲样式即普通战士的装束。秦代普通战士

的铠甲，胸部的甲片都是上片压下片，腹部的甲片，都是下片压上片，以便于活动。从胸腹正中的中线来看，所有甲片都由中间向两侧叠压，肩部甲片的组合与腹部相同。

在肩部、腹部和颈下周围的甲片都用连甲带连接，所有甲片上都有甲钉，其数或二或三或四不等，最多不超过6枚。甲衣的长度，前后相等，下摆一般多为圆形。

秦始皇陵兵马俑坑中大批陶俑的出土，为秦代武士的服装提供了例证。秦军装束在西汉时仍广泛流行，裤也逐渐向全社会普及。

知识点滴

白笔是战国秦汉时官吏随身所带记事用的笔，也是当时的官员的一种冠饰。战国秦汉官吏奏事，必须用毛笔将所奏之事写在笏上，写完之后，即将笔杆插入发际。

这种面君带笔记事的形式，在秦代时已经成为一种制度，凡文官上朝，皆得插笔于帽侧，笔尖不蘸墨汁，称"簪白笔"。后来，"簪白笔"成为了一种装饰。比如明代官员朝服冠梁顶部一般插有一支弯曲的竹木笔杆，上端有丝绒做成的笔毫，名"立笔"，作用与白笔相仿，乃秦汉簪笔遗制。

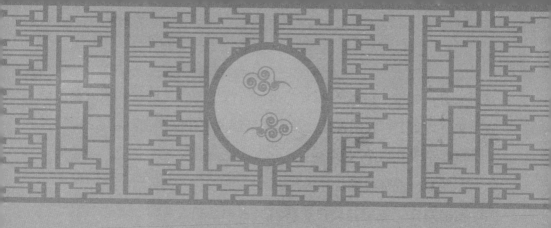

汉代服装制度确立与形成

　　西汉王朝建立之后，随着社会经济的迅速发展和科技文化的长足进步，汉代的服装也较前丰富考究，形成了公卿百官和富商巨贾竞尚奢华、"衣必文绣"、贵妇服装"穷极美艳"的状况。

　　东汉时的59年，"博雅好古"的汉明帝刘庄为适应进一步完善封建典章制度的需要，在他的主持下，糅合秦制与夏、尚、周三代古制，重新制定了祭祀服制与朝服制度，冠

冕、衣裳、佩绶、鞋履等各有严格的等级差别，从此汉代服装制度确立下来。事实上，我国古代完整的服装制度是在汉明帝时确立的。

冠冕是汉代区分等级的主要标志。主要有冕冠、长冠、委貌冠、武冠、法冠、进贤冠等几种形制。

按照规定，天子与公侯、卿大夫参加祭祀大典时，必须戴冕冠，穿冕服，并以冕旒多少与质地优劣以及服色与章纹的不同区分等级尊卑。

长冠，又名齐冠，是一种用竹皮制作的礼冠，后用黑色丝织物缝制，冠顶扁而细长。相传汉高祖刘邦首先仿照楚冠创制，故又称"刘氏冠"。后定为公乘以上官员的祭服，又称斋冠，湖南长沙马王堆汉墓出土的衣木俑所戴即为此冠。

委貌冠，亦称玄冠、元冠，它的形制有些像翻倒的杯子，以玄色帛绢为冠衣，与玄端素裳相配，为参加祭祀的官员所戴。

武冠，又名为"鹖冠"。鹖，俗名野鸡，性好争斗，至死不屈，用作冠名，以表示英武，为各级武官朝会时所戴礼冠。又因为它的形状像簸箕，且造型较高大，也称为"武弁大冠"。皇帝侍从与宦官，也戴插着貂尾、饰有蝉纹金珰的武冠。

法冠，又称"獬豸"。獬豸是传说中的神羊，能分辨是非曲直。它头顶生有一个犄角，见人

争斗，就用犄角抵触理屈者，故为执法者所戴。又因为它通常用铁做冠柱，隐喻戴冠者坚定不移，威武不屈，也称"铁冠"。

进贤冠为文吏儒士所戴。冠体用铁丝、细纱制成。冠上缀梁，梁柱前倾后直，以梁数多少区分等级贵贱，如公侯三梁，中二千石以下至博士二梁，博士以下一梁。

除了上述这些冠式外，还有通天冠、远游冠、建华冠、樊哙冠、术士冠、却非冠、却敌冠等冠式。这些冠的形式，只能从汉代美术遗作中去探寻。

秦代的巾帕只限于军士使用，至西汉末年，据说因王莽本人秃头，怕人耻笑，特制巾帻包头，后来戴巾帻就成了风气。还有的说刘勋额发粗硬，难以服帖，不愿让人看见，被说成不够聪明，平日常用巾帻包头。结果上行下效，以巾帻包头便流行开来。

巾帻主要有介帻和平上帻两种形式。顶端隆起，形状像尖角屋顶的，叫介帻；顶端平平的，称平上帻。身份低微的官吏不能戴冠，只能用帻。达官显宦家居时，也可以摘掉冠帽，头戴巾帻。

东汉末年，王公大臣头裹幅巾更是习以为常。比如中军校尉袁绍这样的高级将领，也不惜弃朝冠而裹头巾以求轻便；蜀汉丞相诸葛亮这样的元老重臣，也甘愿舍弃华冠而头戴纶巾，手摇羽扇，指挥三军，以求潇洒悠闲，使司马懿不得不叹服。

汉代的衣裳制度也各有等序。汉时男子的常服为袍。这是一种源于先秦深衣的服装。原本仅仅作为士大夫所着礼服的内衬或家居之服。士大夫外出或宴见宾客时，必须外加上衣下裳。

到了东汉，袍才开始作为官员朝会和礼见时穿着的礼服。

汉袍多为大袖，袖口有明显的收敛。袖身宽大的部分叫袂，袖口紧小的部分叫祛。衣领和袖口都饰有花边。领子以袒领为主。一般裁成鸡心式，穿时露出里面衣服。此外，还有大襟斜领，衣襟开得较低，领袖用花边装饰，袍服下面常打一排密裥，有时还裁成弯月式样。

另外，袍还有填棉絮的冬装。具体又分为纩袍与袌袍等。纩袍是用新丝绵之细而长者絮成，袌袍是用旧丝绵或新丝绵之粗而短者絮成。

御史或其他文官穿着

袍服上朝时，右耳边上常簪插着一支白笔，名"簪白笔"，这是沿用秦制，不过汉时更注重其装饰性罢了。

官员平时穿着禅衣。禅衣是一种单层的薄长袍，没有衬里，用布帛或薄丝绸制作。

这时期的袍服大体可以分为两种类型：一是曲裾，一是直裾。

曲裾就是战国时的深衣，多见于汉初。其样式不仅男子可穿，也是女装中最常见的式样。这种服装通身紧窄，下长拖地，衣服的下摆多呈喇叭状，行不露足。衣袖有宽有窄，袖口多加镶边。衣领通常为交领，领口很低，以便露出里面衣服。有时露出的衣领多达三重以上，故又称"三重衣"。

直裾，又称袑襜，为东汉时一般男子所穿。它衣襟相交至左胸后，垂直而下，直至下摆。它是禅衣的变式，不是正式礼服，隆重场合不宜穿着。据史载，武安侯田蚡就曾因为赶时髦，着直裾入宫，被汉武帝视为"不敬"，而遭致免爵。

汉时男子的短衣类服装主要有内衣和外衣两种。内衣的代表服装是衫和裋。衫，又称单襦，就是单内衣，它没有袖端。裋，是夹内衣，外形与衫相同，又称"短夹衫"。此外，还有帕腹、抱腹、心衣等只有前片的内衣。

帕腹是横裹在腹部的一块布帛；抱腹是在帕腹上缀有带子，紧抱腹部，即后世俗称的兜肚；心衣是在抱腹上另加"钩肩"和"裆"。

内衣还有前后两片皆备者，既当胸又当背，名为"两当"，意为遮拦。平民男子也有穿满裆的三角短裤"犊鼻裈"的。它据说因为形状像牛犊的鼻子而得名。《史记》中就记载有汉代大辞赋家司马相如偕同卓文君私奔，在成都街头开设酒铺，"自著犊鼻裈，与保庸杂作，涤器于市中"的记载。

外衣的典型服装是襦和袭。襦是一种有棉絮的短上衣。因其长仅及膝，所以必须与有裆裤配穿。当时的显贵多用纨即细而白的平纹薄绢做裤，故有"纨绔"之称。后来，这个词逐渐演变成了浪荡公子的代名词。袭，又称褶，是一种没有棉絮的短上衣。

汉代妇女的礼服，仍以深衣为主。只是这时的深衣已与战国时期流行的款式有所不同。其显著的特点是，衣襟绕转层数加多，衣服的下摆增大。穿着这种衣服，腰身大多裹得很紧，且用一条绸带系扎腰间或臀部。

还有一种服装叫"袿衣"，样式大体与深衣相似，是贵妇的常服。因为它在衣服底部由于衣襟绕转形成两个上宽下窄、呈刀圭形的两尖角，故而得名。

此外，汉代妇女也穿襦裙。这种裙子大多是用四幅素绢拼合而成，上窄下宽，呈梯状，不用任何纹饰，不加边缘，因此得名"无缘裙"。它另在裙腰两端缝上绢条，以便系结。

这种襦裙长期为我国妇女服装中最主要的形式。东汉以后穿着的人虽然一度减少，但是魏晋开始重新流行以后，历久不衰，一直沿袭到清代。

汉代的戎服，随着纺织业的

发展，制作日益精良，甲胄也有所改良。西汉时期，铁制铠甲开始普及，并逐渐为军队的主要装备，这种铁甲当时称为"玄甲"。

西汉戎服在整体上有很多方面与秦代相似，军队中不分尊卑都穿禅衣，下穿裤。禅衣为深衣制。汉代戎服的颜色为赤、绛等颜色，都属于红色范畴。汉代军人的冠饰基本上是平巾帻外罩武冠。

汉代铠甲的形制大体可分为两类：一类是扎甲，就是采用长方形片甲，将胸背两片甲在肩部用麻绳或皮带系连，或另加披膊，这是骑士和普通士兵的装束。另一类是用鳞状的小型甲片编成，腰带以下和披膊等部位，仍用扎甲形式，以便于活动，多见于武将的装束。

汉代也实行佩绶制度，达官显宦佩挂组绶。组，是一种用丝带编成的装饰品，可以用来束腰。绶是用来系玉佩或印钮的绦带，有红、绿、紫、青、黑、黄等色，是汉代官员权力的象征，由朝廷发放。

汉代官员外出，按照规定，必须将官印装在腰间用皮革或彩锦做成的囊内，将印绶露在外面，向下垂搭。于是人们就可以根据官员所佩绶的尺寸、颜色及织工的精细程度来判定他们身份的高低了。

汉代的履主要有3种：一种是用皮革制成的，也叫鞜。一种是上有裱饰花纹的织鞋，即锦履。"建安七子"之一的刘桢在《鲁都赋》中就曾做过这样的形容："纤纤丝履，灿烂鲜新，表以文组，缀以朱蚖。"可见其华美高贵。一种是麻鞋，也叫"不借"。

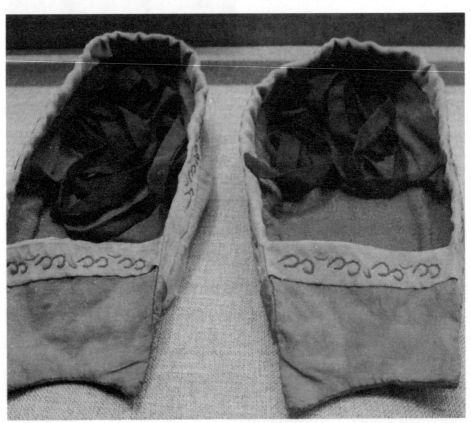

除单鞋外，还有复底鞋，就是舃和屐。屐是用木头制成的，下面装有两个齿，形状与今天日本的木屐相似。也有用帛做面的称作帛屐。屐比舃稳当轻便，多用于走长路时穿。妇女出嫁时，常常穿绘有彩画并系有五彩丝带的屐。

总之，汉代的冠冕、衣裳、佩绶、鞋履等服装形制的形成，足以体现华夏民族的着装特色，表明我国古代服装发展的进步。

西汉初年，汉明帝刘庄制定了较为完备的汉代服制，其中的冠冕中有一种冠叫作"樊哙冠"。关于樊哙冠的由来，相传有这样一段趣事：

刘邦攻破咸阳，驻军灞上。项羽设宴鸿门，图谋杀害刘邦，消除对手。在鸿门宴席间，"项庄拔剑舞，其意常在沛公"，情势十分危急。就在这时，汉将樊哙急忙撕下衣襟，裹起铁盾，顶在头上，权充冠帽，仗剑破门而入，最后救刘邦脱离险境。从此，仿樊哙所戴的临时冠帽被制成冠式，便得了樊哙冠的美名。

知识点滴

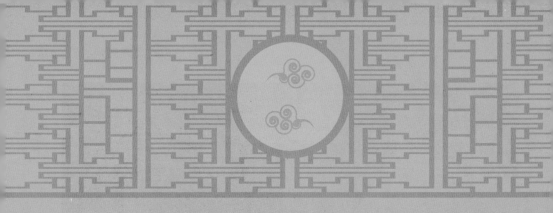

魏晋宽衣博带的服装样式

魏晋时期，由于战乱接连不断，王朝更迭频繁，经济遭到破坏，社会生活的各个方面受到严重影响，人们的礼法观念变得淡薄，衣冠服装也发生了显著的变化。

魏晋时期的服装，保留了汉代的基本形式，但是在风格特征上，却有了长足的发展和创新。

由于魏晋时期老庄、佛道思想成为时尚，"魏晋风度"也表现在当时的宗教服装文化

中，文人们都向往那种清静无为，放荡不羁，超然物外，具有玄虚恬静的人生境界，是一种追求自由自在不受传统束缚的意识体现，对服装的时尚起到了意外的导向作用。

在这一时期，宽衣博带成为上至王公贵族下至平民百姓的流行服装。另外在颜色的使用上，宫中朝服用红色，常服用紫色，平民百姓为白色，同时，在质地上两者仍有很大区别。

魏晋时期宽衣博带这一整体风格，在男子体现为穿衣袒胸露臂，力求轻松、自然、随意的感觉；在女子体现为其服装长裙曳地，大袖翩翩，饰带层层叠叠，表现出优雅和飘逸的风格。

这一时期的男子一般都穿轻松随意的衫子，衫子为交领直襟式，长衣大袖，袖口不收缩而宽敞，有单、夹两种，另有对襟式衫，可开胸而穿，不系衣带。大袖衫因穿着方便，又能体现男人的洒脱和闲雅之风，所以大受欢迎，以致文士到平民都相习成风。

大袖衫的体制还影响到妇女的服装。魏晋时期的妇女服装，也都以宽博为主。妇女所穿的大袖翩翩的大袖衫在当时带有普遍性，其特点是：对襟、束腰，衣袖宽大，两腋上收线成弧形，下垂过臀，形成大袖，袖口缀有色条边。下裳着条纹间色裙。当时妇女的下裳，除穿间色裙外，还有其他裙裳。

魏晋时期的大袖衫是汉袍的一种发展和定型，趋简易、适体性可说是大袖衫形成的本质原因。大袖衫将袍的礼服性质消减，便服性质扩增，是服装和日常生活紧密结合成熟的标志。

其实，魏晋时期的宽衣博带所体现出来的"魏晋风度"，在当时许多名士的身上和诗画作品中都有所反映。

魏晋风度来自魏晋名士，没有魏晋名士，也就没有魏晋风度。魏晋的名士们，或放浪形骸，或沉湎丹药，或侃侃而谈，视礼教功名如粪土。他们向往的是一种自由生命，追求"神""韵""气""风"的风格，其核心是提升自我的价值、自我的人格以及人的自我觉醒。

比如，"竹林七贤"之一的沛国人刘伶，相貌丑陋，神情憔悴，行为懒散，放荡飘忽，把身体视作泥土草木一般，不加修饰。

再如，被称为"书圣"的王羲之，被东晋著名书法家郗鉴选为女婿，但他却袒腹露脐地躺在床上，对前来选婿的人无动于衷。而郗鉴却认为他既豁达又文雅，才貌双全，当场下了聘礼，择为快婿。这就是"东床快婿"的由来。

这些名士的容貌仪态和着装行为，其实是依托服装表达的叛逆心理，与豁达飘逸、不食人间烟火的浪漫潇洒形象达到了形式上的统一。这种着装行为与服装形象，共同构成魏晋文化的审美风格，即以衣裳博大为美，以衣冠不修边幅为美。

魏晋妇女大袖翩翩，当风飘逸，似仙女下凡，曹植正是有感于其优雅摇曳之美，所以他笔下的"洛神"凭借了服装的魔力，更显得出类拔萃，光彩夺目。其"奇服旷世""凌波微步，罗袜生尘，"绝非一般俗艳女色可比，不用回眸已生百媚，这就是我国古代服装之精美绝伦的生动刻画。

东晋大画家顾恺之的《女史箴图》《洛神赋图》及《列女传仁智图卷》等，描绘了很多不同历史时期的人物形象，其衣服的处理颇具飘逸感。后人对他的画作推崇备至，评价其画作如"春蚕吐丝，春云浮空，行云流水，皆出自然。"在国画传统技法"十八描"中被归为"高古游丝描"，仅从绘画术语便可以想见顾恺之在其画作中表现人物着装的手法是何等的超凡脱俗。

顾恺之的传世之作《列女传仁智图卷》中所描绘的女性杂裾垂髾服，深衣下摆裁成的多层尖角状杂裾，以及腰带间显露的宛如旗帜上的垂髾一样的轻盈装饰，实在充满着浪漫气息。这也是魏晋风度的应有之意。

人们通常将下摆裁制成数个三角形，上宽下尖，层层相叠，因形似旗而名之曰"髾"，走起路来，随风飘起，如燕子轻舞，煞是迷人，因而具有"华带飞髾"的魏晋风度。

我国古代画家笔墨为我们留下了当年的衣服飘逸之感，顾恺之描绘的杂裾垂髾服，确是难能可贵的。

与宽衣博带的服装风格相对照，魏晋时期的军戎服则有自己的特色。

魏晋的铠甲最普遍的形式是两裆铠，长至膝上，腰部以上是胸背甲，有的用小甲片编缀而成，有的用整块大甲片，甲身分前后两片，肩部及两侧用带系束。胸前和背后有圆护。因大多以铜铁等金属制成，并且打磨得极光，颇似

镜子。

在战场上穿上这种铠甲，由于太阳的照射，会发出耀眼的光芒，所以称之为"明光铠"。这种铠甲的样式很多，而且繁简不一，有的装有护肩、护膝，复杂的还有重护肩。身甲大多长至臀部，腰间主要用皮带系束。

当时，外来文化对魏晋时期的服装也产生了一定影响。公元6世纪波斯图案花纹通过"丝绸之路"传入我国，对当时的纺织、服装以及其他装饰物，都产生了不小的影响。这一点在魏晋墓群的墓砖彩画上也有反映。

考古工作者在"丝绸之路"故道甘肃嘉峪关东北的戈壁滩上，发现一处魏晋时期的墓群，其中有6座墓室的墓砖上绘有彩画，共有600余幅。

砖画的内容几乎都是现实生活的各种场景，包括采桑、耕田、狩猎、畜牧、屯垦、庖厨、宴饮等等。其中描绘劳动者形象的，就有200多幅，如农民的袍服、猎户的毡帽、信使的巾帻、牧民的绑腿、妇女的围裳等都被刻画得惟妙惟肖。

此外，北方文化进入中原后被吸收而汉化，也是这一时期服装融合的突出表现。

总之，魏晋时期处于国际交流规模空前扩大的大文化背景下，形成了影响深远的服装特色，为隋唐以后的服装繁荣奠定了物质基础和人文基础。

知识点滴

魏晋时期名士阮籍的家族是个大家族，其中自然贫富相杂。在一条大道的北面，住的全是阮姓中的富人，而道南是贫民区，住的全是穷人。阮籍的侄子阮咸也属于穷人这一类的，住在道南。每到七月七日晴天的时候，道北的各家各户就把家中的衣服拿出来晒，这其实是一种变相的比富大赛。

面对"北阮"那边的声势，阮咸拿了个竹竿，把自己的粗布破裤头拿了一件挑起来，晒在路边。人们看了，纷纷惊怪。阮咸所为，反映了魏晋名士藐视富贵、自得其乐的的心态。

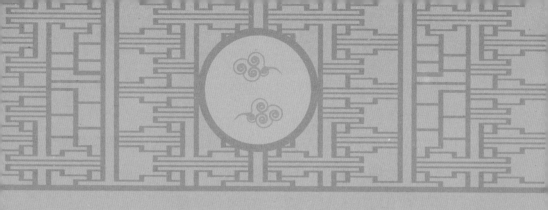

南北朝服装款式大融合

　　南北朝时期的服装，出现了各民族间相互吸收、逐渐融合的趋势。一方面少数民族热心提倡穿着汉族服装；另一方面，由于民族间相互影响，生活习俗日渐融合的趋势，从而出现了深衣形制在民间渐渐消失，胡服在中原地区广为流行的局面。

南北朝时期，在民族融合下，出现了一个追求新奇时髦、款式层出不穷、奇装异服盛行的局面。

用一块帛巾包头，是这一时期主要的首服。这从南朝大墓砖刻壁画《七贤与荣启期》及《北齐校书图》《高逸图》等名画中的人物形象上可以清楚地看到。这些隐逸之士，每人头上裹的都是帛巾。

冠帽的形制颇具特色，虽然还有汉代巾帻的影子，但已有较大的变化，如将帻后加高，中呈平型，体积逐渐缩小至头顶之上，称平上帻，或"小冠"。在小冠上加以笼巾，则成为"笼冠"，因为它是用黑漆细纱制成的，又称"漆纱笼冠"。后世的乌纱帽就是由它演变而成的。这种冠帽男女通用，是当时的主要冠帽样式。

此外，还有卷檐似荷叶的卷荷帽，附有下裙的风帽，有高顶形如屋脊的高屋帽，尖顶、无檐、前有缝隙的帢以及突骑帽、合欢帽等形制。

帢是魏武帝曹操亲自设计并率先戴用的。由于当时战祸频仍，资材匮乏，他以缣帛替代鹿皮，制成皮弁的样式，定名为"颜帢"。经

由他的提倡，这种首服不仅在魏晋时期流行，南北朝时也在继续戴用。

这个时期，人们改变了古人服袍外罩衣裳的习惯，去掉衣裳直接以袍衫作为外服。服装朝着宽松、舒适的方向发展。

男子的主要服装为衫，且分单、夹两种式样，与秦汉时的袍服不同。它不受衣祛的约束，袖口宽大，多用纱、縠绢、布等制成，为上自王公贵族、下至平民百姓所普遍穿着。

这种大袖宽衫之所以会风行南北朝，既是受"魏晋风度"的影响，也和当时的个性觉醒有关。人们喜欢乘高舆、披鹤氅裘，或袒胸露怀、散发赤足，以表示不受世俗礼教的羁束。

北方少数民族男子的服装，主要是裤褶和裲裆。裤褶是由战国时流行的一种胡服改革加工而成。汉魏之际主要用于军队。到南北朝时期，虽然还作为戎装，但已成为民间普遍穿着的便服。

裤褶由褶衣和缚裤两部分组成。褶衣紧而窄小，长仅至膝盖。它有多种样式，仅衣袖就有宽、窄、长、短之别。

至于衣襟形式，大多采用对襟。有的还把衣服的下摆裁成两个斜线，两襟相掩，在中间形成一个小小的燕尾，很是别致。它有的用布缣绣彩，有的用锦缎裁成，有的用兽皮缝制。

裤褶的束腰，多用皮带，达官显宦还镂以金银作为装饰。裤褶是用锦缎红带截为三尺一段，在膝盖处将宽松的裤管扎住，以便活动。北朝以后还出现过褶裥缚裤的形式。

裲裆是一种只有胸背两片的服装，用布帛缝制而成。两片在肩部用皮线连缀起来，腰间再用皮带扎束。这种服装既可着于内，又可着于外，有棉有夹，后世沿袭很久。"褙子""马甲"由它演变而来。

汉族妇女的服装，魏晋时期沿袭秦汉旧俗，有衫、裤、襦、裙等形制，至南北朝逐渐发生了变化。

南北朝初期，妇女所着衣衫多为对襟，衣袖宽大，并在袖口缀有一块颜色不同的贴袖。所着长裙，式样很多，色彩丰富，有间色裙、绛纱复裙、丹碧纱纹双裙等。腰间有帛带系扎。有的还在腰间缠一条围裳，用来束腰。

此外，在一些妇女中间，还有穿一种名叫杂裾垂髾女服的。这是深衣的一种变式。它的特点是在其上饰有"襳髾"。襳是指从围裳伸出来的飘带，髾是指在衣服的下摆部位而固定的一种装饰物。

北方少数民族妇女，

除穿着衫、裙外，也有穿裤褶和裲裆的，只是妇女与男子有所区别。裲裆最初多穿在里面，后来才罩在衫袄之上。穿裤褶的妇女，头上多戴有笼冠。有的同时还身着裲裆，与当时的男子一样装束。

这一时期的鞋履，与秦汉时大抵相同，但质料更加考究，制作更为精良，形制也特别丰富。

鞋履的一个特点是，或在鞋面绣上彩色花纹，或是将金箔剪成花样，粘贴或缝缀在鞋帮上面。另一特点是履头形式多样。或制成圆头，或制成方头，或制成歧头，或制成笏头，可谓"日变月易"，花样翻新。还有就是采用了厚底，出现了用木块或以多层布片、皮革缝纳而成的高底鞋"重台履"等。当时，对履的颜色也有规定：士卒、百工用绿、青、白色；奴婢侍从用红、青色。

南北朝时还出现了登城攻战的特制铁屐和便于登山的活齿木屐。后者就是传为南朝著名诗人谢灵运所创制的"谢公屐"。

据《宋书·谢灵运传》载，出身于大贵族的谢灵运，由于政治上不得志，终日寄情于山水之间。他常穿着木屐登山，发现上山时去掉木屐的前齿，下山时去掉木屐的后齿，非常便捷。后来的唐代诗人李白在《梦游天姥吟留别》中写道："脚著谢公屐，身登青云梯。半壁见海日，空中闻天鸡。"诗中所提到的就是这种活齿木屐。

由于战争连年不断，争夺政权的斗争此起彼伏，人们对武器装备更加重视。加上炼铁技术的提高，钢开始用于武器。因此，这一时期的甲胄也有很大改进。

铠甲的形制主要有3种：一是筒袖铠。这是常用的铠甲，在东汉铠甲的基础上发展而来。它是用小块的鱼鳞纹甲片或者龟背纹甲片穿缀成圆筒形的甲身，前后连接，并在肩部配有护肩的筒袖，因此得名筒袖铠。穿筒袖铠的人，一般头上都戴有一种头盔叫兜鍪，具有护耳的作用，兜鍪上饰有长缨。

二是柄裆铠。这是南北朝时期通行的戎装。它的形制与当时流行的裲裆相近。前后两大片，上用皮襻连缀，腰部另用皮带束紧。所用材料，大多为坚硬的金属和皮革。特别讲究的也用金丝。它的甲片有长条形与鱼鳞形两种，以鱼鳞形较为常见。穿这种甲的，一般里面都衬有厚实的柄裆衫，头戴兜鍪，身着裤褶。

三是明光铠。这是一种在胸背之处装有金属圆护的铠甲，在魏晋时期已经应用。

南北朝时铠甲的样式很多，繁简不

一。有的仅是在裲裆的基础上前后各加两块圆护，有的则配有护肩、护膝，复杂的还配有数重护肩。身甲大都长至臀部，腰间系有革带。

总之，南北朝是我国古代服装发展的重要阶段。在民族融合的大背景下，服装在具体形式和使用方面都发生了一些变化，从而丰富了我国古代服装文化。

南北朝时期，女子多穿履、靴等，有皮履、丝履、麻履、锦履等。凡娶妇之家先下丝鞋为礼。

鞋子的形式有凤头履、聚云履、五朵履。南朝宋有重台履；梁有分梢履、立凤履、笏头履、五色云霞履；陈有玉华飞头履；西晋有鸠头履。有的以形式定名，有的以色饰定名。

其中各种履并非都是妇女所独有，如凤头、立凤、五色云霞、玉华飞头等属妇女所穿；重台履是厚底鞋，所以男女都穿，因为南北朝时男足女足无异样。

知识点滴

隋代官定服装形制的发展

隋文帝杨坚厉行节俭，衣着简朴，不注重服装等级尊卑，经过20来年的休养生息，经济有了很大的恢复。到隋炀帝时，为了宣扬皇帝的威严，恢复了秦汉章服制度。

冕服上的十二章纹图样是从周朝开始确立的，以后历代都承袭了这一制度。南北朝时曾按周制将冕服十二章纹中的日、月、星辰三章放到旗帜上，改成九章。隋炀帝时，将日、月两章分列在两肩，星辰列在背后，又将日、月、星辰三章放回到冕服上，恢复了之前的十二章纹图样。

从隋炀帝开始，这种"肩挑日月，背负星辰"的官服样式，成为了历代皇帝冕服的既定款式。

与冕服相配的，就是冕冠。隋文帝在位时平时只戴乌纱帽，隋炀帝则根据不同场合，戴用通天冠、远游冠、武冠、皮弁等。

冕冠前后都有象征尊卑的冕旒，其数量越多，表示地位越高，反之亦然。古时用玉琪，隋炀帝改用珠。冕旒用青珠，皇帝12旒12串，亲王9旒9串，侯8旒8串，伯7旒7串，三品7旒3串，四品6旒3串，五品5旒3串，六品以下无珠串。

通天冠也是根据珠子的多少表示地位的高下的。隋炀帝戴的通天冠，上有金博山等装饰。他戴的皮弁也是用12颗珠子装饰。太子和一品官9珠，下至五品官每品各减1珠，六品以下无珠。

文武官的朝服着红纱单衣，白纱中单，白袜乌靴。所戴进贤冠，以官梁分级位的高低，三品以上3梁，五品以上2梁，五品以下为1梁。谒者大夫戴高山冠，御史大夫、司隶等戴獬豸冠，以其形类似獬豸而得名。

隋炀帝所定皇后服制有袆衣、朝衣、青服、朱服。大业年间，宫人中还流行穿半臂，即短袖衣套在长袖衣的外面，下着长裙，又名"仙裙"，这是一种大下摆的长裙。

隋代男子的官服，一般是头戴乌纱幞头，身穿圆领窄袖袍衫，衣长在膝下踝上，齐膝处设一道界线，称为横襕，略存深衣旧迹，腰系红鞓带，足登乌皮六合靴。从皇帝到官吏，样式几乎相同，差别只在于材料、颜色和皮带头的装饰。

其中的幞头又称幞，软巾，以巾裹头，成为代替冠帽的约束长发的头巾。幞头有四带，二带系头上，曲折附顶，所以也称"四脚""折上巾"。

隋代无官职的地主阶级隐士、野老，则喜穿高领宽缘的直裰，以表示承袭儒者宽袍大袖的深衣古制。直裰是家居式常服，一般为斜领大袖、四周镶边的大袍。另外，僧衣道服也有"直裰"袍衫。

隋代普通百姓大都穿开衩到腰际的齐膝短衫和裤，不许用鲜明色彩。差役仆夫多戴尖椎帽，穿麻练鞋，做事行路还须把衣角撩起扎在腰间。脚上只限穿编结的线鞋或草鞋。

隋代民间妇女穿青裙，外出戴一种叫幂罗的面罩，把面部罩住。这类打扮，都吸收融合了南北朝时期胡服的艺术特色在内，对后来的唐代女服也有很大影响。

出土的隋代文物也反映了隋代妇女装束。洛阳出土的隋俑多小袖高腰长裙，裙系到胸部以上。发式上平而较阔，如戴帽子，或作三饼平云重叠、额部鬓发剃齐，承北周以来"开额"旧制。

隋俑中的贵妇所披小袖外衣多翻领式。侍从婢女及乐伎则穿小袖衫、高腰长裙，腰带下垂，肩披帔帛，头梳双髻。

西安玉祥门外有一座李静训墓，墓主为9岁女孩，随葬群俑围立青石棺旁，女俑穿大袖衣，长袍、垂带、发作三叠平云，上部略宽。武卫俑戴胄，着明光铠、大口裤，一手扶步盾。文吏穿裤褶服，外披小袖齐膝衣。

除了隋俑外，敦煌壁画所见也大体如此。敦煌莫高窟390窟隋的《妇女进香图》，贵妇着大袖衣，外披帔风或小袖衣，这种衣式早见于敦煌北魏以来佛教故事画中男子衣着，但那是内衣小袖而外衣

大袖。衣袖大小正与隋代贵妇服装相反。

　　隋代居住在西北地区的少数民族多穿小袖袍、小口裤，但各个民族不尽相同。如高昌国人着长身小袖袍，缦裆裤；于阗国人着长身小袖袍、小口裤；匈奴妇女则着长襦及足，没有下裳等等。反映了隋代边疆地区的民族服装特色。

知识点滴

　　李静训墓位于今西安市玉祥门外西大街南约50米处。李静训家世显赫，她的祖父李崇是一代名将，曾随隋文帝杨坚一起打天下，后来官至上柱国。据墓志记载，李静训自幼深受外祖母周皇太后的溺爱，一直在宫中抚养，后来殁于宫中，年方9岁。皇太后杨丽华十分悲痛，厚礼葬之。

　　李静训墓的随葬品甚多，有数量繁多的陶俑、项链、手镯、金银器皿等，宛如微缩的繁华世间。其中的陶俑，反映了隋代妇女装束的情况，是重要的史料。

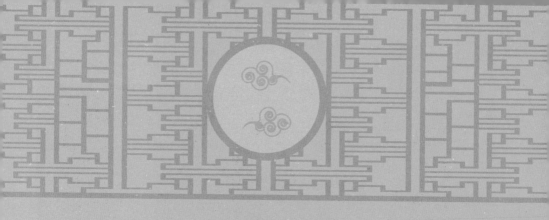

唐代服装空前丰富多彩

由隋入唐，我国古代服装发展到全盛时期，"唐装"的雍容华贵、富丽堂皇，充分体现了唐代空前繁荣的局面。

冠服制度是封建社会权力等级的象征。唐高祖李渊于公元624年颁布新律令，即著名的《武德律》，其中包括服装的律令，计有天子之服、皇后之服、皇太子之服、太子妃之服、群臣之服和命妇之服。

天子服装包括大裘冕、衮冕、鹥冕等14种；皇太子服装包括衮冕、远游冠、公

服等6种；群臣服装有衮冕、法冠、公服等22种；皇后服装有袆衣、鞠衣、钿钗襢衣3种；皇太子妃服装有褕翟、钿钗礼衣3种；命妇服装有翟衣、钿钗礼衣、礼衣等6种。这些服装的配套方式和服用对象及服用场合，都有详细说明。

唐代官服发展了古代深衣制的传统形式，于领座、袖口、衣裾边缘加贴边，衣服前后身都是直裁的，在前后襟下缘各用一整幅布横接成横襕，腰部用革带紧束。官服的衣袖分直袖式和宽袖式两种，直袖窄紧，夹直如沟，这种款式便于活动，宽袖大裾的款式则可表现潇洒华贵的风度。

唐代冠服制度在《武德律》推行之后，也在不断修改完善，它上承周汉传统，从服装配套、服装质料、纹饰色彩等方面形成了完整的系列，对后世冠服也产生了深远的影响。

唐代服装的发展是多方面的，平民百姓的服装自然也在其中。这些服装，共同构成了"唐装"的繁荣景象。

唐代一般男子的服装以袍衫为主，其结构形式在秦汉和魏晋时期袍服的基础上，又掺糅了胡服风格，其款式特点为圆领、窄袖，领、袖、裾等部位不设缘边装饰，袍长至膝或及足，腰束革带。

袍衫在唐代穿着普遍，帝王常服及百官品色服均为袍式。一般士庶亦可穿着袍衫，但其颜色有限制，多穿白色的袍衫。

胡服在中原地区流行，自战国时期赵武灵王始至唐代达到极盛。盛行胡服的原因同唐代社会文化的开放性和包容性有关，从出土的唐代土俑、"唐三彩"及壁画中，到处可见身着胡服的人物形象。

唐代男子普遍穿着的服装除袍衫、胡装外，还有半臂装。半臂装是一种半袖上衣，其形式为合领、对襟、半袖、衣长至膝，通常于春秋时

节穿。

唐代男子的首服，以幞头巾帽应用得最广泛，为这一时期典型首服。幞头是一种经过裁制的四脚巾帛，前两角缀两个大带，后两脚缀两个小带，戴时将前面两脚包过前额绕至脑后结系在大带下垂着，另外两角由后朝前，自下而上收系于脑顶发髻上。

唐代军戎服也丰富多彩。唐代在战场上驰骋的都是人披马甲不具装的轻骑，步兵铠甲占步兵人数的一半以上。

据《唐六典》记载，唐甲有明光甲、光西甲、细鳞甲、山文甲、乌锤甲、白布甲、皂绢甲、布背甲、锁子甲等13种。其中的锁子甲异常坚固，射不可入。此种铠甲分成大中小3种型号，按体型高矮分给战士使用。

唐代的女子服装，可谓我国古代服装中最为精彩的篇章，其冠服之丰美华丽，妆饰之奇异纷繁，都令人目不暇接。大唐的女子服装，主要分为襦裙服、女着男装、女着胡服3种穿着形式。

襦裙服是指唐代女子上穿短襦或衫，下着长裙，佩披帛，加半臂的传统装束。

襦裙装在外来服装影响下，取其神而保留了自我的原形，于是襦裙装成为唐代乃至整个我国服装史中最为精彩而又动人的一种配套装束了。

襦很短，一般只长到腰，是唐

代女服的特点。与此相近的衫，却长至胯或更长。唐女的襦、衫等上衣是各个阶层的常服，非常普遍，而且喜欢红、浅红或淡赭、浅绿等色。

襦的领口常有变化，襦衫领型有：圆领、方领、直领和鸡心领等。盛唐时期有袒领，即领口开得很低，早期只在宫廷嫔妃、歌舞伎者间流行，后来连豪门贵妇也予以垂青。

唐代妇女下裳为裙。这是当时女子非常重视的下裳形式。制裙面料多为丝织品，但用料有多少之别，通常以多幅为佳。裙腰上提高度，有些可以掩胸，下身仅着抹胸，外披纱罗衫，致使上身肌肤隐隐显露。这是我国古代女装中最大胆的一种，足以想见当时妇女思想开放的程度。

唐代裙色多彩，可以尽如人所好，多为深红、杏黄、绛紫、月青、青绿。其中尤以石榴色流行时间最长。石榴裙最大的特点，是裙束较高，上披短小襦衣，两者宽窄长短形成鲜明对比。

　　这种上衣下裙的"唐装"，是对前代服装的继承、发展和完善。从整体效果看，上衣短小而裙长曳地，使体态显得苗条和修长。

　　外族服装文化对于唐代宫廷产生的影响还反映在思想观念上的变化。当时影响中原的外来服装，绝大多数都是马上民族的服装。那些粗犷的身架、英武的男性装束，以及矫健的马匹，对于唐代女性着装意识产生一种渗透式的影响，同时创造出一种适合女着男装的氛围。

　　唐代女子跳出围墙和男人并肩外出，到大自然中去观赏风景、骑马游春，于是就有许多女扮男装的场面。经常能见到头戴纱幂，身着男装袍裤的俊俏女子与男人同行，并一时形成风尚。不论是出行图景还是打马球的场面，新式着装已经成为当时的创举，这充分说明唐代女性在思想观念上的变化。

　　唐代这种男装化的女性服装，史料中留下了不少记载。唐中宗李

显的长子李重润墓门石刻，至今还保留着两个戴乌纱幞头，上着小袖宽领衣，下着波斯条纹锦镶边长裤，足着软底镂空锦鞋的女扮男装形象。

唐代还流行女子穿"胡服"。胡服令唐代妇女耳目一新，以至于胡服热狂风般席卷中原诸城，其中尤以长安及洛阳等地为盛，其饰品也最具异邦色彩。

盛唐以后，胡服的影响逐渐减弱，女服的样式日趋宽大。到了中晚唐时期，这种特点更加明显，一般妇女服装，袖宽往往四尺以上。

唐代女装除了襦裙服、女着男装和着胡服外，在妇女中间，还出现了袒胸露臂的形象。在永泰公主墓东壁壁画上，有一个梳高髻、露胸、肩披红帛，上着黄色窄袖短衫，下着绿色曳地长裙，腰垂红色腰带的唐代妇女形象，就是这种形象的代表。

唐代女子半露胸，并不是什么人都可以效仿的，只有有身份的人才能穿开胸衫，永泰公主可以半裸胸，歌女可以半裸胸取悦于人，而平民百姓

家的女子是不允许半裸胸的。这种半露胸的裙装有点类似于现代西方的夜礼服，只是不准露出肩膀和后背。

唐代女服的裙子颜色绚丽，红、紫、黄、绿争奇斗艳，尤以红裙为佼佼者。街上流行红裙子，不是现代人的专利，早在盛唐时期，就已经遍地榴花染舞裙了。

丰富多彩，风格独特，奇异多姿的"唐装"充实了我国古代服装文化，使之成为我国服装史上的一朵奇葩，令世人瞩目。比如日本和服从色彩上大大吸取了唐装的精华，朝鲜服装也从形式上承继了"唐装"的长处。

知识点滴

唐玄宗李隆基酷爱胡舞胡乐，杨贵妃、安禄山均为胡舞能手，唐代诗人白居易在《长恨歌》中说的"霓裳羽衣舞"，即是胡舞的一种。另有浑脱舞、枯枝舞、胡旋舞等，这些胡舞胡乐，对汉族音乐、舞蹈、服装等艺术门类都有较大的影响，而唐代女子着胡服就是典型的例子。

关于唐代女子着胡服的形象或见于石刻线画等古迹。较典型者，即为上戴浑脱帽，身着窄袖紧身翻领长袍，下着长裤，足登高腰靴。唐女着胡服，成为那个时代的一大亮点。

服装风格

　　五代十国时期诸国的服装基本上是沿袭了唐代的制度，保留了大唐后期的特点，只有南方各国因经济富庶，政治稳定，所以服装有一定的发展和创新。南唐人物肖像画家顾闳中的传世名画《韩熙载夜宴图》，较为全面地反映了南方人的着装情况。

　　宋代从皇帝到庶人的服式基本保留汉民族服装的风格，辽、金、西夏及元代的服装则分别具有契丹族、女真族、党项族及元代蒙古民族各民族服装的特点并再度融合与改易，服装风格呈现出前所未有的新气象。

五代十国时期的服装发展

五代十国是对五代与十国的合称，是指唐亡后到北宋建立之间的历史时期。五代是指中原地区的5个政权，即后梁、后唐、后晋、后汉与后周。中原地区之外的前蜀、后蜀、吴国、南唐、闽国、楚国、南汉、南平、吴越、北汉10个割据政权，被史家合称十国。

五代十国诸国服装基本沿袭唐代制度，但南方各国有所发展和创新。这在五代十国时期宫廷画家顾闳中的作品《韩熙载夜宴图》中有较为全面的体现。

　　《韩熙载夜宴图》与东晋画家顾恺之《洛神赋图》、唐代画家阎立本《步辇图》、唐代画家周昉《唐宫仕女图》、唐代画家韩滉《五牛图》、北宋画院学生王希孟《千里江山图》、北宋画家张择端《清明上河图》、元代画家黄公望《富春山居图》、明代画家仇英《汉宫春晓图》、清代来华的意大利人郎世宁的《百骏图》，并称为"中国十大传世名画"。《韩熙载夜宴图》画作原迹已失，今存版本为宋人临摹本。这幅长卷以连环长卷的方式描摹了韩熙载家开宴行乐的场景，线条准确流畅，工细灵动，充满表现力。

　　《韩熙载夜宴图》和南唐后主李煜有很大的关系。当时，北方军力量对南方的威胁越来越大，可是李后主却不思进取。南唐的宰相韩熙载感到国家前途迷茫，就招徕宾客，夜夜宴饮。李后主感到好奇，派宫廷画家顾闳中也去赴宴，观察动向。顾闳中回来后，凭着记忆中的印象画出了这幅画。

《韩熙载夜宴图》虽然没让李煜觉醒，来挽救南唐国运，但却为我们了解当时的服装文化提供了可靠的依据。该作品逼真地描绘了南唐宰相韩熙载夜宴宾客时的情景，真实地再现五代十国时期人们的服装款式、面料质地以及当时的流行风尚。

《韩熙载夜宴图》从几个侧面展示了当时丰富多彩的服装样式：宴会主人韩熙载，休息时头戴名叫"韩君轻格"的高顶四方乌纱帽，这是他在江南所造的轻纱帽，这种巾式，上不同唐，下不同宋，比宋代东坡巾要高，顶呈尖形。身穿对襟白色长衫，衣领敞开，袒胸露腹，脚上穿着白布袜子与圆头薄鞋。欣赏歌舞时，他又在白衫外面加上一件黑色的交领长袍。

画中的男宾客大多穿着与唐代官服样式基本相同的标准官服，圆领襕衫，头戴黑色短翅幞头，腰束革带，足蹬黑皮靴。身份比较高的穿红袍，其他人都穿绿袍。

画中的侍女们还穿着唐代流行的女子男装，就是男士缺跨圆领长袍。女着男装曾经在唐代风行一时，五代十国时期也在流行。

画中贵妇的服装十分艳丽，与唐代妇

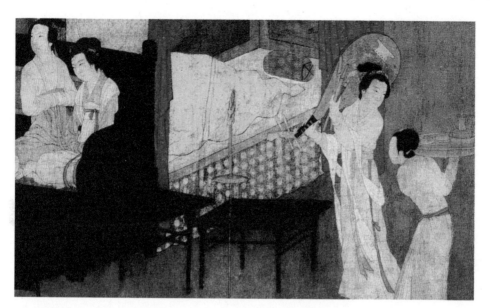

女圆润丰硕的造型截然不同，她们的服装整体上显得修长纤巧。上身为贴身、窄袖的交领短衫或直领短衫，下身穿宽松的曳地长裙，裙裾拖在身后有几尺长，长裙的上端一直系到胸部。胸前还束有绣花的抹胸。衣裙大多用丝带束紧，长出来的丝带像两根飘带一样垂于身前。

这一时期的妇女仍然流行披绣花的披帛，只是比唐代的妇女披帛长且窄得多，显得富于变化而飘逸灵动。她们的外形修饰非常精致，化妆也相当考究：脖颈戴有三四重宝石、珍珠项链，头上带有金花、金叶、金凤，发髻上插上象牙、银钗等，脸上有花钿、斜红等妆面。

从画面上可以看出，当时服装的面料十分考究，颜色和花纹的搭配十分和谐，尤其是女装，有白衣白裙、青衣白裙，有绿衣红裙、绿袍白腰袄，上面的图案有飞鸟、团花、几何图形等，非常丰富。

画中乐伎的着装也颇具大唐风格，款式虽与当时流行的基本相同，但是有所创新。比如，她们下身也经常身穿高腰长裙，但是上身却多穿有半袖简化而成的襦。乐伎穿的襦不但衣袖、袖口宽肥，而且

便于在袖子的上端装饰花边。

　　乐伎的发式没有什么新奇，梳的都是当时流行的堕马髻又名"坠马髻"、偏梳髻等。她们之所以看起来光鲜夺目，只不过是因为她们比平常女子更善于修饰自己罢了。

　　五代十国时期分裂与战乱的状态，并没有遏制人们对美的追求和创造。尤其是五代十国时期的妇女，不但有了全新的审美观，她们的眉黛妆红、珠光宝气，在历代妇女中也算得上是佼佼者了。

知识点滴

　　据南朝《宋书》记载，宋武帝刘裕的女儿寿阳公主，在正月初七日仰卧于含章殿下，殿前的梅树被微风一吹，落下一朵梅花，不偏不倚正落在公主额上，额中被染成花瓣状，且久洗不掉。

　　宫中女子见公主额上的梅花印非常美丽，遂争相效仿，当然她们再也没有公主的奇遇，于是就剪梅花贴于额头，一种新的美容术从此就诞生了。这种梅花妆很快就流传到民间，成为当时女性争相效仿的时尚。至宋代，花钿已成了妇女的常用饰物。

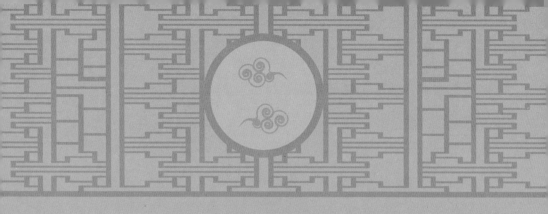

两宋时期的各式服装

宋代崇尚礼制，冠服制度最为繁缛，因而与传统的融合做得更好。北宋初年，朝廷参照前代衣服样式，规定了从皇帝到庶人的服式，其中包括祭服、朝服、公服、时服、戎服等。

祭服有大裘冕、衮冕、鷩冕、毳冕、玄冕，其形制大体承袭唐代并参酌汉以后的沿革而定。

朝服也叫具服，一般在朝会时使用。上身用朱衣，

下身系朱裳，即穿绯色罗袍裙，衬以白花罗中单，束以大带，再以革带系绯罗蔽膝，方心曲领，挂以玉剑、玉佩，着白绫袜黑色皮履。

朝服以官职的大小而有所不同，六品以下就没有中单、佩剑及锦绶。中单即禅衣，衬在里面，在上衣的领内露出。

宋朝百官朝见皇帝或处理一般公务，都是穿公服，唯在祭祀典礼及隆重朝会时穿着祭服或朝服。公服基本承袭唐代的款式，曲领大袖，下裾加一道横襕，腰间束以革带，头戴幞头，脚穿靴或革履。

公服的幞头，一般都用硬翅，展其两角，只有便服才戴软脚幞头。公服所佩的革带，是区别官职的重要标志之一。

幞头是宋代常服的首服，戴用非常广泛，宋代的幞头内衬木骨，

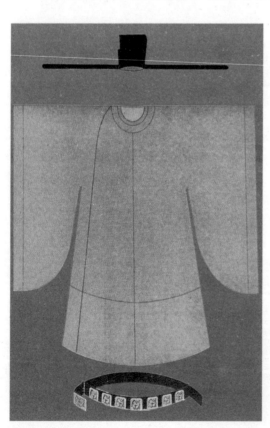

或以藤草编成巾子为里，外罩漆纱，做成可以随意脱戴的幞头帽子，不像唐初那种以巾帕系裹的软脚幞头，后来索性废去藤草，专衬木骨，平整美观。

公服用色区别等级。如九品官以上用青色；七品官以上用绿色；五品官以上用朱色；三品官以上用紫色。到宋元丰年间用色稍有更改，四品以上用紫色；六品以上用绯色；九品以上用绿色。按当时的规定，服用紫

色和绯色衣者，都要配挂金银装饰的鱼袋，高低职位以此物加以明显的区别。

时服则在每年季节或皇五圣节，按前代制度赏赐文武群臣及将校的袍、袄、衫、袍肚、勒帛、裤等，用各种锦等做面料。宋代的服装面料，讲究的以丝织品为主，品种有织锦、花绫、缂丝等。其中有一种用天下乐晕锦做的时服，最为高贵。

宋代的戎服，大体继承晚唐五代的戎装形式，略有变化，防卫巡逻或作战，常

着战袄、战袍。宋代无名氏的《宣和遗事》曾有这样的描述："急点手下巡兵二百余人，腿系着粗布行缠，身穿着鸦青衲袄，轻弓短箭，手持闷棍，腰挂环刀。"袍和袄只是长短有别，均为紧身窄袖的便捷装束。

官兵作战时通常要穿铠甲。北宋初年的铠甲，据《宋史·兵志》记载，有金装甲、连锁甲、锁子甲、黑漆顺水山子铁甲、明光细网甲等多种铁甲。还有一种以皮革做甲片，上附薄铜或铁片制成的较轻便的软甲。皮制的战衣叫皮笠子或皮甲。

宋代有一种特别的铠甲，这就是纸甲。1040年，政府诏令江南、

淮南州军造纸甲三万副。它是用一种特柔韧的纸加工的，叠三寸厚，在方寸之间布有四个钉，雨水淋湿后更为坚固，铳箭难以穿透。

《武经总要》是我国一部记述有关军事组织、制度、战略战术和武器制造等情况的重要军事著作，其中详细记载了北宋时期的铠甲样式及其制度。如头戴兜鍪，身穿甲衣，两袖缀有披膊，下配有护腿。

宋代对妇女的礼服也有规定。比如宋代皇后礼服，平时很少穿着，只有在受皇帝册封或祭祀典礼时使用。穿着这种服装，头上要戴凤冠，内穿青纱中单，腰饰深青蔽膝。另挂白玉双佩及玉绶环等饰物，下穿青袜青鞋。

再如宋代贵妇礼服，包括大袖衫、长裙、披帛，是晚唐五代遗留下来的服式，在北宋年间依然流行，多为贵族妇女所穿。这种礼服普通妇女不能穿着。穿着这种服装，必须配以华丽精致的首饰，其中包括发饰、面饰、颈饰和胸饰等。

宋代百姓服装，也有定制。从记载来看，当时北宋首都汴京，店堂林立，铺席遍布，到处设有酒楼、茶坊、商店和集市。各行各业的商户还彼此结成"商行"，仅与服装有关的行业，就有衣行、帽行、鞋行、穿珠行、接绦行、领抹行、钗朵行、纽扣行及修冠子、染梳儿、洗衣服等几十种之多，反映了商业的兴隆。

宋代男子除在朝的官服以外，平日的常服也是很有特色的，常服也叫"私服"。宋官与平民百姓的燕居服形式上没有太大区别，只是在用色上有较为明显的规定和限制。

宋时常服有袍、襦、袄、短褐、裳、直裰、鹤氅等几种。袍有宽袖广身和窄袖窄身两种类型，有官职的穿锦袍，无官职的穿白布袍。襦和袄为平民日常穿用的必备之服。短褐是一种既短又粗的布衣，为贫者服。裳是沿袭上衣下裳古制，男子的长上衣配黄裳，居家时不束带，待客时束带。直裰是一种比较宽大的长衣。鹤氅宽长曳地，是一种用鹤毛与其他鸟毛合捻成绒织成的裘衣，十分贵重。

此外，宋代男式衣着，还有布衫和罗衫。内用的叫汗衫，有交领和颌领形式。质料很考究，多用绸缎、纱、罗。颜色有白、青、皂、

杏黄、茶褐等。贵族裤子的质地也十分讲究，多以纱、罗、绢、绸、绮、绫，并有平素纹、大提花、小提花等图案装饰，裤色以驼黄、棕、褐为主色。

宋代文人平时喜爱戴造型高而方正的巾帽，身穿宽博的衣衫，以为高雅。宋人称为"高装巾子"，并且常以著名的文人名字命名，如"东坡巾"，"程子巾""山谷巾"等。也有以含义命名的，如逍遥巾、高士巾等。

《米芾画史》曾说到文士先用紫罗做无顶的头巾，叫作额子，后来中了举人的，用紫纱罗做长顶头巾，以区别于庶人。庶人则由花顶头巾，幅巾发展到逍遥巾。

宋代普通妇女所穿服装有袄、襦、衫、半臂、裙子、裤等服装样式。宋代妇女以裙装穿着为主，但也有长裤。其裤子的形式特别，除了贴身长裤外，还外加多层套裤。

宋代妇女的穿着与汉代妇女相似，都是瘦长、窄袖、交领，下穿各式长裙，颜色淡雅；通常在衣服的外边再穿长袖对襟褙子，褙子的领口及前襟绘绣花边，时称"领抹"。

妇女的襦和袄是基本相似的衣着，形式比较短小，下身配裙子。颜色常以红、紫为主，黄次之。贵者用锦、罗或加刺绣。普通妇女则规定不得用白色、褐色毛缎和淡褐色匹帛制作衣服。

宋代300多年间，女服有些变化。崇宁年间，妇女上衣时兴短而窄；至宣和、靖康年间，女服上衣趋向紧逼狭窄，前后左右襞开四缝，以带扣约束，当时称"密四门"。有一种小衣，也是逼窄贴身，左右前后四缝，用纽带扣，称之"便当"。这种形制，到绍兴年间稍有收敛，但到了景定年间又恢复原样。时装样式，多始于内宫，逐渐上行下效，播及远方。

宋代的僧道服也是宋代服装的重要组成部分。早在汉代道教便创立，同时，佛教也传入我国。到了唐宋时期，佛、道二教并驾齐驱。道士的服装主要有道冠、道巾、黄道袍等。

道冠，通常用金属或木材制成，其色尚黄，故称黄冠。后人常以黄冠代指道士。

道巾有9种：混元巾、九梁巾、纯阳巾、太极巾、荷叶巾、靠山巾、唐巾和一字巾。

黄道袍是道士的常服。黄道袍也叫大小衫，大多交领斜襟。他们多穿草鞋。宋代道士保持着古代上衣下裳和簪冠的形制。

据佛教章法规定，佛教僧侣的衣服限于三衣和五衣。三衣，就是佛教比丘穿的3种衣服，包括僧伽梨，是用9条至25条布缝成的大衣；郁多罗僧，是用7条布缝成的上衣；安陀会，是用5条布缝成的内衣。

这些衣服布条纵横交错，呈田字形。

五衣，指三衣之外加上僧祇支即覆肩衣、厥修罗即裙子。前者，覆左肩，掩两腋，左开右合，长裁过腰，是一块长形衣片，从左肩穿至腰下；后者，把长方形布缝其两边，成筒形，腰系纽带。

此外，还有袈裟，也是佛教法衣，由许多长方形小块布拼缀而成。僧人为了表示苦行，常常拾取别人丢弃的陈旧碎布片，洗净后加以拼缀，称之为百衲衣。它不许用青、黄、赤、白、黑"五正色"及绯、红、紫、绿、碧"五间色"，只许用青色、黑色和木兰色即赤色、不均色。

据《释氏要览》卷上载，百衲衣来源有5种，包括施主衣、无施主衣、死人衣、粪扫衣即人们丢弃的破衣碎片。法衣是道教法师举行仪式、戒期、斋坛时穿的衣着，有霞衣、净衣等。僧道也穿直裰，以素布制成，对襟大袖，衣缘四周镶有黑边。

在宋代，北方先因契丹族势力强大，后因女真族兴起，胡服流行

范围不断扩大。北宋时期，朝廷曾对少数民族服装的传入严加禁止。但事实上，胡服在中原不仅没有灭绝，反而有所蔓延。

　　在当时，有些妇女的发式效仿女真族，做束发垂头式样，称为"女真妆"。开始于宫中，继而遍及四方。临安舞女则戴茸茸狸帽和窄窄胡衫。南宋时期南方已受到了北方民族服装及生活习俗的影响。

　　北宋著名画家张择端的《清明上河图》，生动地描绘了北宋首都汴京的情景，其中有各行各业的人物，如官宦、绅士、商贩、农民、医生、胥吏、篙师、缆夫、车夫、船夫、僧人及道士等等。他们穿着各种不同样式的服装：有梳髻的、戴幞头的、裹巾子的、顶席帽的、穿襕袍的、披褙子的、着短衫的等，反映了这个时期平民百姓服装的基本特征。

　　行业不同，衣着有别。我们从《清明上河图》中人物的服装特征大休可以知道他们从事何种职业。

知识点滴

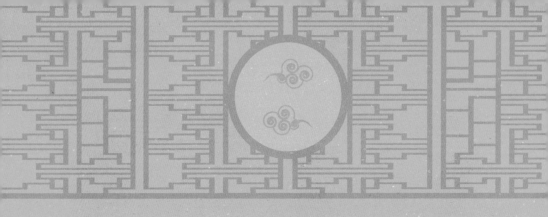

辽代契丹族的服装风格

辽国是契丹族建立的政权，辽太祖耶律阿保机统一契丹各部称汗，最初的国号叫契丹，后来改为大辽。契丹族本是北方游牧民族，辽代服装的发展与演变，与自然环境和人文环境等因素密不可分。

由于辽国地处偏远荒凉的塞外，气候寒冷，所以，必然对服装有某些特殊要求。比如，从质料上看，因为畜牧业与渔猎是契丹族的传

统经济，所以当地多产兽皮，而兽皮又有挡风御寒之功效，故其袍料大多为兽皮。他们不仅用兽皮制作袍服、皮帽，还用兽毛制作毡帽、毡靴，以御严寒。

在吉林哲里木盟库伦旗1号辽墓壁画《出行图》中，女主人头戴黑色瓜皮帽，帽缘扎绿色巾带，鬓发下垂，黄色耳坠，着绿色长衫，系红色腰带。右侧佩黄色葫芦状荷包及一黑色小皮囊，皮囊内插白色磨角长板状物件四块。另有一女子，头戴绿顶黑皮小帽，后系花结，绿色长衫，浅红色腰带，左侧佩件与女主人相同，侧身向女主人，手执铜镜，为女主人整容。前沿有金质的花饰，耳侧系带，身着窄袖红衣，腰系带。

契丹人脚穿毡靴的形象，在内蒙古敖汉旗康营子壁画墓中的左壁《仪卫图》里有所反映，图中除第一人头部扎缠，身穿方领蓝长袍，腰系白带，脚穿尖头平品鞋外，其他四人均身着圆领长袍，腰间系带，脚穿白毡靴。此外，从一些辽墓出土的丝织品、服式中还可看到，契丹人的装束还有用丝绵做成的诸如丝绵长袍、丝绵背心、套裤等适用于寒冷气候的服装。比如内蒙古察右前旗豪欠营6号辽墓中女尸所穿的葬服：外衣有丝绵长袍，内衣有短袄、短衫、绢裙等。一件背心式的贴身上衣为淡棕色罗面，棕色绢里，中絮棕色丝绵，这是适宜于内蒙古草原多寒大陆性气候的特有衣饰。

从着装的特点上看，契丹人通常穿圆领、窄袖、紧身的袍服，并且在袍内穿有中单和紧腿裤。有的契丹族男子还在裤子外面缚裹腿用以御寒，方便行动。

契丹人的这些着装特点，一方面是可以抵御风沙、严寒的袭击，另一方面也便于骑射。

契丹人喜骑射打猎的尚武民俗和粗犷强悍的性格气质，使得其服

装风格颇具实用便利的特征，如其服装多以圆领、紧身、窄袖、长袍、长靴为主，发式为髡发。

因契丹人"俗东向而尚左"，所以其袍服也具备了历来北方一些民族服装的特点，这就是左衽。

另外，在内蒙古巴林右旗友爱辽墓内的木板画上，男侍身着圆领紧袖长袍，领头扣于左颈下，这是契丹圆领类服装"左衽"的直接绘画材料。

契丹王国与周边各族各国的交往甚为密切，尤其与汉文化的交融最为深入。以服装为例，契丹人传统的服装为长袍左衽，圆领窄袖，腰间束带，下穿长裤，裤在靴筒之内。

在内蒙古兴安盟辽墓出土的大批契丹式服装，表现了契丹服装的丰富多彩。辽墓壁画具有晚唐至五代宫廷绘画的风格。图中女主人可能是从内地远嫁到契丹的汉家闺秀，颇具中原仕女的风尚。此壁画对于研究唐末五代的绘画艺术及契丹与中原的关系，具有重要价值。

知识点滴

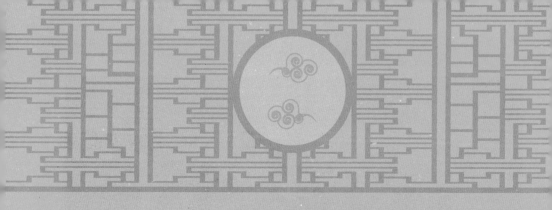

金代女真族的服装风格

金代是女真族建立的政权，金太祖完颜阿骨打在统一女真诸部后，于1115年在会宁府建都立国，国号大金。女真族是我国古代生活于东北地区的古老民族，金代服装最初的民族特色浓厚，入主中原后则发生了很大变化，展现了民族融合的过程。

女真初期的服装着装简单、淳朴。

女真人地处寒带，以游牧为生，无法养蚕，服装原料都是依靠本地资源。除动物皮毛外，女真人所居住的土地适宜种植麻谷，从靺鞨时期就已经将麻谷纺织成细布，初期服装就以此为面料。

女真人主要依靠动物皮毛御寒，在室

外，把毛皮衣服穿在身上，进到屋子里面才脱下来；在屋子外面衣服稍薄一些，手指就会冻掉，皮肤也会裂开。只有到了夏天最热时，才能穿上用细布做成的衣服。

女真人妇女穿着像大袄子一样的锦裙，并用铁条做成圈，把裙子撑起来，方便徒步行走。直到辽国立国之初，女真人着装都很简单，风气淳朴。

女真人入主中原之后，广泛接受了中原汉文化的熏陶，尤其是丰富灿烂的中原服装文化彻底改变了他们的生活方式，纷纷仿效汉人服装。特别是到了金熙宗时期，金熙宗本人雅歌儒服，与汉族男子无异。女真人的上层贵族，开始学习汉人装束，开始追求衣着的华丽、奢侈，原来固有的着装习惯大为改变。

海陵王时期，女真人包括着装在内的汉化趋势非常明显。金世宗一朝，女真人着衣汉化趋势不可阻挡，至金章宗时，直接仿照汉制制定本国的服装制度。

金章宗制定的服装制度，包括天子衮服，视朝之服，皇后冠服，皇太子冠服，宗室外戚一品命妇服，臣下朝服，祭服，公服以及金人的常服，还有妇人首饰、兵卒、奴婢穿戴等。

皇帝冕服、通天冠、绛纱袍，皇太子远游冠，百官朝服、冠服，包括貂蝉笼巾、七梁冠、六梁冠、四梁冠、三梁冠、监察御史獬豸冠，大体与宋制相同。

公服五品以上服紫、六品七品服绯、八品九品服绿，款式为盘领横襕袍。文官佩金银鱼袋。金代的卫士、仪仗戴幞头，形式有双凤幞头、间金花交脚幞头、金花幞头、拳脚幞头、素幞头等。

金代戎服形式上也受北宋的影响。金代武士早期的铠甲只有半身，下面是护膝；中期前后，铠甲很快完备起来，铠甲都有长而宽大的腿裙，其防护面积已与宋朝的相差无几。金代戎服袍为盘领、窄袖，衣长至脚面；戎服袍还可以将罩袍穿在铠甲外面。

金代服装种类，据史料记载，最平常也是最基本的，就是带、巾、盘领衣、乌皮靴四部分。这四部分是包括头部的，有冕、冠、巾；身上穿的衣服，有袍、衫、裙、吊敦、大口裤、肋衣等；腰上系的有吐骼带；脚上穿的乌皮靴。

随着女真人与汉人的融合，金代经济的发展，金代服装仍然主要是这四部分，但每一部分，因官职、地位的不同，在颜色、花纹、配饰上有所不同，尤其是贵族、官职高的人，更为追求华丽、奢侈。

金代女子服装，在制定服装制度之后，按等级规定得非常详细，包括皇后冠服，一品命妇，女子出嫁，五品以上官员的母亲、妻子，年纪老的妇人等，着装、配饰等也都有明确规定。

比如，待嫁之女着褙子，用红或银褐明金，作对襟式，领加彩绣；五品以上官员母亲、妻子允许披霞帔；云肩为贵族命妇所披用，并禁止绣有日、月、龙纹；一般妇人首饰不许用珠翠钿子等物；奴婢只允许服用絁细、绢布、毛褐等。

女真人汉化不仅体现在仿照汉人官制制定了服装制度，而且还体现在用汉人的工匠纺织丝绸，纺织的工艺都是从汉人那里学习而来。可以说，金代的汉化程度已经深入到非常细致的程度。

当然，女真人在服装汉化的过程中，仍保持着本民族的一部分特色。黑龙江省阿城市巨源乡城子村发掘的金国贵族墓出土的服装，男女主人穿着基本上是巾、带、盘领衣、乌皮靴，乌皮靴是用丝绸制作的软靴。男女主人都穿有吊敦，这种服装是在裤脚下口踝骨处，缝有一条横套带，穿时将套带蹬于足心，这种着装便于女真人骑马打猎时，双腿穿套外裤或双足穿入靴勒中，裤腿不至于被卷带起。这种形制类似于我们现代的脚蹬裤。

总之，随着金代入主中原，与汉人混居，在女真族与汉族相互接触，正是由于这种民族的融合，才能为金代创造出灿烂的服装文化，才能为后人留下宝贵的财富。

金章宗完颜璟自幼对祖父的文韬武略耳濡目染，加之对儒家文化的融会贯通，在登位后，在继行祖父"仁政"之治的同时，极力效法北魏孝文帝汉化改革，不断完善各种政治、经济制度，实现了女真族的彻底封建化。

金章宗上承世宗太平日久，国内小康，于是考正礼乐，修订刑法，制订官制，制订服制。又多次向群臣询问汉宣帝综合考核名实是否相符，以及唐代考查官员的方法，实在想超过辽、宋而与汉、唐比肩，是一位有志于治理国家的君主。

知识点滴

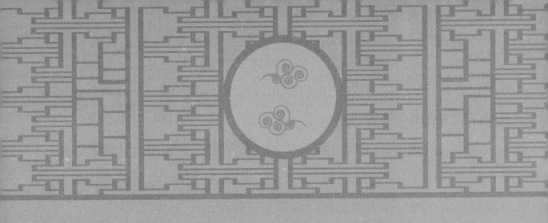

元代蒙古族的服装风格

元代是由蒙古族建立的我国历史上第一个由少数民族建立的大一统帝国。定都大都，即现在的北京市。1271年，元世祖忽必烈取《易经》"大哉乾元"之意改国号为大元。

元代国土空前辽阔，各地的地理环境、气候条件、生活习俗、宗教信仰差异很大，各民族的服装都有自己的特点。同时，由于各地经济、文化的不断交流，服装也相互影响。

蒙古族最初以家畜及野兽毛皮制作衣服，随着手工业的发展，以及纺织品的传入，富裕者用来自汉地、波斯、俄罗斯、保加利亚、匈

牙利等地输入的绸缎、绵绸、毛料以及各种珍贵兽裘制作华丽的衣服。贫困者则用羊、山羊及狗皮或粗布、棉花及毡杂做衣服。

蒙古族长袍之用途和优点颇多，乘马时紧束腰带，能保持腰肋的稳定垂直。已婚妇女还穿一种非常松宽的长袍，在前面开口至底部。

元仁宗在位期间，进行了服装的改革，他命令蒙古贵族着汉

装，并以身作则，加速了民族融合的步伐。至元英宗时期，又参照古制，制定了天子和百官的上衣连下裳上紧下短，并在腰间加褶裥，肩背挂大珠的"质孙服"制。这是承袭汉族又兼有蒙古民族特点的服制。"质孙"也叫济逊、只孙、只逊、直孙、济苏、积苏、咎顺等等，汉人称"质孙服"为"一色衣"。

"质孙服"与"质孙宴"关系密切。"质孙宴"本为元代开国皇帝忽必烈每年巡幸上都时举办的招待宗亲、大臣们所专设的宴席。宴会的目的，在于凝聚君臣之间的感情，在于决定国家的大事。

"质孙宴"集蒙古族传统饮食、歌舞、游戏、竞技于一体，场面隆重，消费奢华。宴会连开三天，用羊2000只，用马3匹等。赴宴者须穿清一色而华贵的"质孙服"，每天换一次全场衣帽颜色一致的服装，且以衣服的华丽相炫耀。

"质孙服"是元代达官贵人地位和身份的象征。皇帝所赐的"质

孙服"，多以显示对臣僚的宠爱，受赐者往往以此为荣。

按照参加质孙宴的人的地位不同，"质孙服"的结构可分为两类：一类是帝王、大臣、贵族等上层社会的人士所穿的没有"细褶"的腰线袍以及直身放摆结构的直身袍，另一类是在质孙宴上服务于这些上层人物的乐工、卫士等所穿的辫线袍。

"质孙服"用以上、下级的区别体现在质地粗细的不同上。以其质分级层次，有15个等级，每级所用的原料和选色完全统一，衣服和帽子一致，整体效果十分出色。比如衣服若是金锦剪绒，其帽也必然是金锦暖帽；若衣服用白色粉皮，其帽必定是白金答子暖帽。

元朝天子的"质孙服"共有15个等级，与冬装类同。百官的冬服有9个等级，夏季有14个等级，同样也是以质地和色泽区分。

元代常服中还有"比肩"和"比甲"。"比肩"或称"搭护"，元代蒙人称之为"襻子答忽"，是一种皮衣，交领，有表有里，较马褂长一些，类似半袖衫的服装，常穿在袍服外面。"比甲"则是便于骑射的衣裳，无领无袖，前短后长，以襻相连的便服。

元代贵族袭汉族制度，在服装上广织龙纹。据史料记载，皇帝祭祀用衮服、蔽膝、玉簪、革带、绶环等饰有各种龙纹，仅衮一件就有八条龙，领袖衣边的小龙还不计。

龙的图案是中原文化的产物，是中国人的图腾，它代表着华夏民族的精神。晚唐五代以后，北方少数民族相继建立政权，都无一例外地沿用了这一图案。到了元代更加突出，除服装大量使用龙的图案之外，在其他宫廷生活器具、建筑中也广泛使用。

元代男子的公服多尊从汉族习俗，"制以罗，大袖，盘领，右衽"。其职位级别，在服装的颜色及纹样上表示。公服之冠，皆用幞头，制以漆纱，展其双脚。平日闲居之服，多穿窄袖袍。地位低下的侍从仆役，常在常服之外罩一件短袖衫子，称为"襦裙半臂"，妇女也有这种习俗。

元代女服分贵族和平民两种样式。因为贵族多为蒙古人，以皮衣皮帽为民族服装，貂鼠和羊皮制衣较为广泛，样式多为宽大的袍式、袖口窄小、袖身宽肥，由于衣长曳地，贵夫人外出行乐时，必须有女奴牵拉。这种袍式在肩部做有一云肩，十分华美。

作为礼服的袍，面料质地十分考究，采用大红色织金、锦、蒙绒和很长的毡类织物。当时最流行的服装色彩以红、黄、绿、褐、玫红、紫、金等为主。

蒙古族贵族妇女戴姑姑冠，"姑姑"又称之为顾姑、故姑、固姑、罟姑等。在元代，只有蒙古贵族的已婚妇女才能佩戴姑姑冠。姑姑冠以木条做框架，用桦树皮围合缝

制而成，下为圆筒形，上为"Y"形。外包饰红色或者褐色印花棉。这就是蒙元时期蒙古族妇女流行的冠饰。这一独特的冠服的起源，是源自蒙古族的一种特殊的抢婚风俗。

元代平民妇女穿汉族的襦裙，裸露半臂也颇为通行，汉装的样子常在宫中的舞蹈伴奏人身上出现，唐代的窄袖衫和帽式也有保留。此外受高丽国的影响，都城的贵族后妃们也有模仿高丽女装的习俗。

元代汉族平民百姓多用巾裹头，无一定格式。蒙古族男子，平时戴一种用藤篾做的瓦楞帽，有方圆两种样式。

知识点滴

元代蒙古已婚贵族妇女头上的姑姑冠最忌讳别人触碰。因为当时人们认为如果触碰了姑姑冠，就会给戴冠者带来厄运。

对于这种姑姑冠，曾经向蒙古人宣传基督教义的法国国王路易九世的使者鲁不鲁乞在《东游记》中称之为"孛哈"。鲁不鲁乞的《东游记》，天主教托钵修会之一的方济各会重要人物普兰诺·卡尔平尼的《蒙古史》，以及我国的《长春真人西游记》、《草木子》等书中，对姑姑冠的形制均有具体描述，也对了解元代衣冠服装有较大参考价值。

艺术

　　明代服装样式上采周汉，下取唐宋，集历代华夏服饰之大成，崇古而不泥古，特别是在明代后期，更长于创新流变，成为"汉官威仪"的集中体现者。是华夏近代服装艺术的典范，文化内涵也更加丰富。

　　清代服装制度多承明代，并参照中原礼制的传统，其冠服体系周详严整，尤其在纹饰上延续了中华传统的衣冠文化。但满族治国者又依恋固有的游牧文化，屡屡强调无改衣冠以保骑射民族之淳朴习性的必要性，所以清代的冠服在汉化的同时，仍在形式上保留了本民族的某些特征。

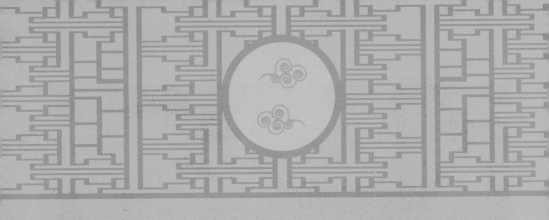

明代皇帝和贵妇的冠服

　　据《明实录》记载，1368年正月，明太祖朱元璋服衮冕在国都南郊祭祀天地，定国号为大明，建元洪武。当时的翰林学士陶安等认为，古代天子有五冕，祭天地、宗庙、社稷及诸神时各用相应的冕服，因此奏请皇上按古礼制作。

明太祖则认为冕礼太繁，便规定祭天地、宗庙服衮冕、社稷等祀服通天冠、绛纱袍，其余则不用。同年11月，明太祖便下诏，令礼官与儒臣正式议定冠服之制。

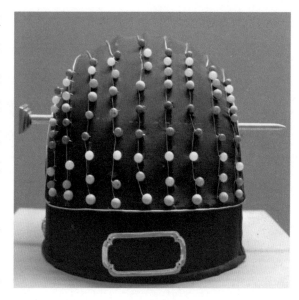

后来，皇帝的冠服之制又经过了数次修改。明代皇帝冠服主要包括衮冕、通天冠、燕弁服、皮弁服、武弁服、常服和便服。在这个过程中，包括贵妇冠服也有了新的定制。

衮冕即衮衣和冕，其形制基本承袭古制，与此配套的衮服，由玄衣、黄裳、白罗大带、黄蔽膝、素纱中单、赤舄等配成。是皇帝在祭天地、宗庙等重大庆典活动时穿戴用的正式服装。

通天冠也称高山冠，于1368年定制，与绛纱袍、皂色领、襈、裾的白纱中单、绛纱蔽膝、白色假带、方心曲领、白袜等配套。为皇帝郊庙、省牲、皇太子冠婚，也就是古代结婚时用酒祭神的礼时所穿。

燕弁服于1528年定制，冠框如皮弁用黑纱装裱。是皇帝平日在宫中居住时所穿。燕弁冠服是明世宗和内阁辅臣张璁参考古人所服"玄端"而特别创制的一款服饰，用作皇帝的燕居服。

皮弁服于1529年定制，与绛纱衣、蔽膝、革带、大带、白袜黑舄配套。为皇帝在朔望视朝、降诏、降香、进表、四夷朝贡，外官朝觐、策士、传胪、祭太岁山川时用。

武弁服于1529年定制，赤色，上部尖锐，弁身作十二缝，缀五彩玉珠，落落如星状。韩衣、韩裳、韩韐都用赤色，形制与其他礼服相同。佩、绶、革带与其他礼服所用相同，佩、绶及韩韐，都悬挂于革带。玉圭与冕服所用镇圭形制相同，但尺寸略小，玉圭上刻篆文"讨罪安民"4字，不用大带。

明代皇帝常服使用范围最广，如常朝视事、日讲、省牲、谒陵、献俘、大阅等场合均穿常服。皇帝常服用乌纱折角向上巾，盘领窄袖袍，束带间用金、玉、琥珀、透犀。皇太子、亲王、世子、郡王的常服形制与皇帝相同，但袍用红色。

便服是日常生活中所穿的休闲服饰。明代皇帝的便服就款式、形制而言，和一般士庶男子并没有太大区别。比较常见的便服样式有：曳撒、贴里、道袍、直身、氅衣、披风等。

其中，曳撒也写作一散。曳撒的形制较为独特，它的前身部分为上下分裁，腰部以上为直领、大襟、右衽，腰部以下形似马面裙，正中为光面，两侧做褶，左右接双摆。后身部分则通裁，不断开。明代前期皇帝日常多穿曳撒。

道袍又称褶子、海青等，是明代中后期男子最常见的便服款式之一，也可作为衬袍使用。直身也称直领。直身形似道袍，直领、大襟、右衽，衣襟用系带固定，大袖，收口，衣身两侧开裾，大、小襟及后襟两侧各接一片摆在外，有些会在双摆内再各加两片衬摆。双摆的结构是区分道袍和直身的标志。

氅衣又称鹤氅，是比较传统的便服款式，明代多作为春、秋或冬季的外套，穿于道袍之上，可用来遮风御寒。

明代皇后是最高级别的贵妇。明代皇后的礼服分朝、祭之服，皇后在接受册封、朝会典礼等重大礼仪场合穿着礼服。

1368年，朝廷参考前代制度拟定皇后冠服，以袆衣、九龙九凤冠等作为皇后礼服。1391年对冠服制度进行了修改，定皇后礼服为九龙四凤冠、翟衣，以及中单、蔽膝、大带、副带等，此后一直沿用。九龙九凤冠即皇后礼服冠，明初参考宋代皇后龙凤花钗冠而设计，所用饰件虽不如宋代凤冠之繁多，但整体仍十分华丽。

翟衣深青色，材质纻丝、纱、罗随用。衣为直领，大襟，右衽，大袖敞口，领、袖、衣襟等处施以红色缘边，饰金织或彩织云龙纹样。衣身织有翟纹，翟纹之间装饰有小轮花，为圆形花朵，外有白色连珠纹一圈。每行纹样均为翟纹与小轮花交错排列。翟衣身长至足，不用裳。

中单用玉色纱或线罗制作，领、袖、衣襟等处施红色缘边，领缘织有黻纹。蔽膝深青色，材质亦纻丝、纱，大带内外两面均为双色拼成，一半青一半红，垂带末端一截则为纯红。带身饰织金云龙纹样。

大带垂带部分与围腰部分连成一体，垂带的末端裁为尖角状，上下两边均施以缘边，上边用朱色缘，下边用绿色缘。另外，围腰部分在开口处缀纽扣一对，不饰假结、假耳。

副带以青绮制成，其所系部位与功能无明确记载，有可能是束在大带之下，用来系挂玉佩。

皇后全套礼服的穿着与皇帝冕服弁服一样比较烦琐，整体形象是：头戴皁罗额子及凤冠；脸施珠翠面花，耳挂珠排环；内着黻领中单，外穿翟衣；腰部束副带、大带、革带；前身正中系蔽膝，后身系大绶；两侧悬挂玉佩及小绶；足穿袜、舄；手持玉谷圭。

此外，明代皇后的常服，包括双凤翊龙冠、龙凤珠翠冠、大衫、霞帔、褙子、鞠衣等。其功能仅次于礼服，用在各类礼仪场合中。

大明帝国皇帝和贵妇的冠服，其样式、等级、穿着礼仪可谓由简洁到繁缛，变化多样，是我国服装艺术的重要组成部分，极大地丰富了我国古代服装文化的内涵。

知识点滴

明代的官服中有一种服装称作青袍，即青色圆领，为明代皇帝在帝后忌辰、丧礼期间或谒陵、祭祀等场合所穿。

青服圆领素而无纹，不饰团龙补子等，革带用黑牛角带銙，深青色带鞓。

据《明实录》记载，明嘉靖年间，有一次太庙火灾，明世宗青服御奉天门，百官亦青服致词行奉慰礼。万历年间，有一年大旱，明神宗也着青服，由宫中步行至圜丘祈雨。

明代文武百官的各式冠服

　　明朝文武百官的服装，包括朝服、祭服、公服、常服、燕服，以及武官戎服和特赏的赐服。依照官位大小品级，百官之服都有不同的规定。文武官员的朝服于1393年定制，凡大祀、庆成、正旦、冬至、圣节、颁诏、开读、进表、传制，都用梁冠、赤罗衣，青领缘白纱中单，青缘赤罗裳，赤罗蔽膝，赤白两色绢大带，革带，佩绶，白袜黑履。

　　文武官员的品位高低以梁冠上的梁数来区别。公冠8梁，侯、伯7梁，都加笼巾貂蝉。驸马7梁不用雉尾。貂原来挂貂尾，后以雉尾代替，蝉是金饰。

　　一品7梁，玉带玉佩具。二品6

梁，革带，绶环犀，余同一品。三品5梁，金带，佩玉。四品4梁，金带，佩药玉。五品3梁，银带钑花，佩药玉。一品至五品都用象牙笏。六七品2梁，银带，佩药玉。八九品1梁，牛角带，佩药玉。六品至九品用槐木笏。

明嘉靖八年时将朝服上衣改成赤罗青缘，长过腰而不掩没下裳。中单改成白纱青缘，下裳赤罗青缘，前三幅后四幅，每幅三褶裥，革带前缀蔽膝，后佩绶。1587年令百官正旦朝贺，不准穿红色便鞋。

文武官员的祭服于1393年定制，凡皇帝亲祀郊庙、社稷，文武官员分献陪祭穿祭服。一品至九品，皂领缘青罗衣，皂领缘白纱中单，皂缘赤罗裳，赤罗蔽膝，三品以上方心曲领。冠带佩绶同朝服，四品以下去佩绶。

1529年定制锦衣卫堂上官冠服，并规定在视牲、朝日夕月，耕藉、祭祀历代帝王时，可以穿大红蟒四爪龙衣，飞鱼服，戴乌纱帽。祭太庙社稷时，则穿大红便服。

文武官的公服于1370年定制，以乌纱帽、团领衫、束带为公服，其带是一品玉，二品花犀，三品金银花，四品素金，五品银钑花，六、七品素银，八、九品乌角。后来又有规定，每日上朝奏事及侍班、谢恩、见辞及在外武官每日公座时要穿公服，并有具体制式。

明代文武官员的常服于1363年定

制，平常外出视事穿常服。明初常服与公服都是乌纱帽、团领衫、束带。规定一、二品用杂色文绮、绫罗、彩绣，帽珠用玉；三品至五品用杂色文绮、绫罗，帽顶用金，帽珠除玉外随所用。六品至九品用杂色文绮、绫罗，帽顶用银，帽珠玛瑙、水晶、香木。

以上所述的常服，就是著名的品服，也是传统戏曲所采用的官服形式。这些服装不同的鸟纹兽图，都设计成方形框架之内，布置于团领衫的前胸和后背，下围配有装金饰玉的腰带。

文武官员的燕服于1528年定制，规定品官燕服为"忠靖冠"和"忠靖服"。

忠靖冠是参照古时"玄端"服的制度而定的，忠靖冠的冠式以铁丝为框，乌纱、乌绒为表，帽顶略方，中间微起，前饰冠染，压以金线；后列两翅，亦用金缘。四品以下不用金线，改用浅色丝线。冠染视品级而定。

忠静服即古玄端服。深衣，素带，如古大夫之带制，青表，绿缘边并裹。素履，色用青、绿绦结。白袜。凡王府将军中尉及左右长史审理正副纪善教授等官，俱以品官之制服用。仪宾不得服用。

明代的武官制度是历史上最完备的，而军戎服饰的等级差别也是最明显的。武官九品以上有四种官服：朝服、公服、常服和赐服。除

常服使用较普遍外，其余3种都属于宫廷服饰，不属戎服范围。穿常服时要戴乌纱帽，常服和赐服虽也不属于戎服范围，但常服作为武官的品级制度经常要穿戴。

明代军人在穿戎服时，即可戴盔甲，又可戴巾、帽、冠。帽为红笠军帽。冠有忠静冠、小冠等。明代军士服饰有一种胖袄，其制"长齐膝，窄袖，内实以棉花"，颜色为红，所以又称"红胖袄"。骑士多穿对襟，以便乘马。作战用兜鍪，多用铜铁制造，很少用皮革。

明代文武官员的冠服，完全受制度与规章的严格约束，在样式、尺寸及衣料、帽顶、绣样、色彩，乃至鞋履，都有严格的制度规定。通过各种官员的不同服装，显示出官序中的高下，又由此使封建制度更加合法化。

在我国古代，玻璃被叫作琉璃，是一种特殊的材质，杏黄色、龙纹相同，属宫室和王公贵族专用之物。在达官贵人眼中，认为琉璃和人一样具有记忆与传承功能，更重要的是，还认为琉璃可以保佑他们"居家则致千金，居官则至卿相"。

大约在元代，随着汉文化的人为断层出现，以及战乱频仍，百业萧条，琉璃工艺遭到了灭顶之灾。到了明代，工匠们又摸索出一种制作琉璃的方法，把琉璃当作饰品来使用。

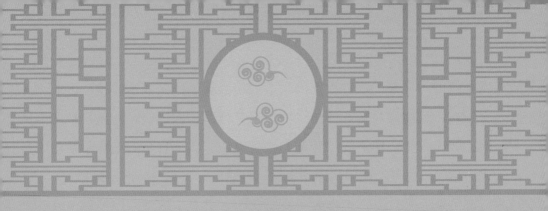

明代服装基本款式样式

　　明代服装的基本款式包括：交领式、盘领衣、束腰袍裙、合领、直领服装和斜领袖袍。

　　交领式是按照古礼继承的传统形式，多用于祭服、朝服、燕服及中单内衣。民间的劳动者所穿短衣，也多为交领式服装。

　　盘领衣是继承唐宋以来的圆领袍衫发展而来，明代公服、常服大多为高圆领、缺胯。宦官所穿有的在衣裾两侧有插摆，袖多宽袖或大袖。平民所穿无插摆，袖为窄袖，但60岁以上老者可穿大袖，袖长也可适当加长至出手挽回至离肘3寸处。明代衮服原为交领式，自明英宗开始，衮服也改成盘领式。

　　束腰袍裙的形式与元代以来的辫线袄近似。山东邹

城九龙山明代鲁王墓曾出土用织金缎织成料制作的四爪蟒袍，上衣为交领式，在两肩及胸背部位设柿蒂形装饰区，内饰行蟒四条，袖为窄袖，腰间有片金横道线纹装饰，腰身收敛，其下打竖向细襕，使下裳成为裙状。此种形式明代称为曳撒，是君臣外出乘马时所穿的袍式。

另外，明代内廷宦官如司礼监掌印、秉笔、随堂，以及乾清宫管事牌子、各执事近侍，许穿红贴里、缀本等补子，有的更在膝下加襕，即横条花纹为饰。二十四衙门、山陵等处官长，穿不缀补的青贴里，这种贴里的款式也是袍裙式样，但腰部不加横线纹装饰。

合领或直领对襟，衣长与裙齐，左右腋下开气，衣襟敞开，两边不用纽扣，或以绳带系连的褙子，为女子便服。合领对襟大袖者为贵族妇女所穿，直领对襟小袖者为平民妇女所穿。

直领服装是明代妇女所穿服装，上穿对襟衫、袄，下着挑线裙子，各式高底鞋儿，冷天在衫外穿比甲，或裙内套膝裤。对襟衫、袄与挑线裙、高底鞋配套的时装，用料、色彩、工艺都十分讲究。

斜领袖袍如直裰、襕衫、道袍，这种款式的衣服衣身宽松、衣袖宽大，膝下拼一横幅为襕，故又称襕衫，四周镶大宽边，前系二带，为古代家居常服。

襕衫在隋唐时，朝野人士都穿，明代称作直裰，儒生都穿这种服装，凡举人、贡生、监生穿蓝色四周镶黑色宽边的

直裰，故又称蓝袍，后来举人、贡生改穿黑袍，生员仍穿蓝袍。

　　直裰在明初时被定为庶民穿着。民谣有："二可怪，两只衣袖像布袋。"这是因为此类宽松式的服装，表现文人儒雅之风或士人燕居野趣是很合适的，而作为平民则不能适应劳动的功能需要，民谣把它看作可怪，就不足为奇了。

　　服装演变为身份地位的象征，可以通过服装判断一个人地位的高低。明代礼制思想强调以礼来维护森严的等级秩序，进而维持社会稳定，明代宦官的服装也是礼制的重要内容。

　　明代宦官服装的基本形制与外藩官员服制一样，按照品级高低着衣。但是宦官服装也有自己的特色。宦官的补服只是在节日所穿的应景服装，因为在宫廷内日常活动中并不要求他们穿补服，但在需要时他们清楚自己应该穿哪一品级的补服。明代宦官服装的变化，体现了明代礼制的实践过程。

知识点滴

清代皇帝和皇后的服装

　　清王朝是由满族人建立的我国历史上第二个少数民族统一政权，也是我国最后一个封建帝制国家。清代皇帝的官服及皇后的服装，具有典型民族风格和时代特色。

　　清代皇帝的官服基本上分为三大类，即礼服、吉服和便服。礼服包括朝服、朝冠、端罩、衮服、补服；吉服包括吉服冠、龙袍、龙褂；便服即常服，是在典制规定以外的平常之服。

　　礼服中的朝服是皇帝在重大典礼活动时最常穿着的典制服装。皇帝朝服及所戴的冠，分冬夏二式。冬夏朝服区别

主要在衣服的边缘，春夏用缎，秋冬用珍贵皮毛为缘饰之。

朝服基本款式是披领和上衣下裳相连的袍裙相配而成。上衣衣袖由袖身、熨褶素接袖、马蹄袖3部分组成；下裳与上衣相接处有褶裥，其右侧有正方形的衽，是皇帝的朝袍，腰间有腰帏。朝服的颜色以黄色为主，而披须、马蹄袖是清代朝服的显著特色。

在隆重的典礼上，皇帝视朝、臣属入朝时所穿的礼服，即为朝觐之服，成为名副其实的朝服了。特别是满族传统服装的马蹄袖，入关后虽然失去实际作用，但却作为满族行"君臣大礼"时的行礼动作需要而得以保留。

马蹄袖又称箭袖，平时挽起成马蹄形，一遇到行礼之时，敏捷地将"袖头"翻下来，然后或行半礼或行全礼。这种礼节在清代定都北京以后，已不限于满族，汉族也以此为礼，以示注重守礼。

因箭袖的这一特殊功能，清代的吉服、便服也都设计了箭袖。即使是平袖口的服装，还要特意单做几副质料较好的箭袖"套袖"，以备需要时套在平袖之上，用过之后脱下。这种灵活、方便的"套袖"还有个蛮好听的名称，叫作"龙吞口"。

皇帝的龙袍属于吉服范畴，比朝服、衮服等礼服略次一等，平时较多穿着。穿龙袍时，必须戴吉服冠，束吉服带及挂朝珠。龙袍以明黄色为主也可用金黄杏黄等色。每件龙袍上绣有九条龙，而从正面或背面单独看时，所看见的都是五条龙，与"九五"之数正好相吻合。

另外，龙袍的下摆，斜向排列着许多弯曲的线条，名谓水脚。水脚之上，还有许多波浪翻滚的水浪，水浪之上，又立有山石宝物，俗称"海水江涯"，它除了表示绵延不断的吉祥含意之外，还有"一统山河"和"万世升平"的寓意。

皇帝在平常的日子穿便服，又称常服。皇帝在宫中穿常服的时间最多，如经筵、御门听政、恭上尊谥、恭捧册宝等都是穿着常服活动的。常服有常服袍和常服褂两种，其颜色、纹饰没有特殊的规定，随皇帝所欲。

皇帝的便服也多选天蓝色、宝蓝色。就连皇帝的礼服、吉服，里衬也是用天蓝或月白色。清代宫廷崇尚蓝色，乾隆、嘉庆朝都有这种颜色的便服。直到道光年间仍为流行颜色。

清代女贵族穿着的礼服较为烦琐，同时也更能反映出保留的许多满族服装旧俗。以皇后礼服为例，有朝冠、朝服、朝褂等。

皇后朝冠除中央顶饰三层金凤外，朱纬上还缀一周金凤7只和金翟1只，位于后面的金翟向脑后垂珠为饰。

皇后朝服与皇帝朝服有明显区别：肩部袭朝褂处加缘，披领及袖皆石青色，不饰十二章，所饰龙纹亦分布不同。

朝褂即后妃及贵族女性在朝会、祭祀等仪礼场合套在朝袍外面的礼褂。清代后妃的朝褂形制大致分3种，皇太后、皇后、皇贵妃朝褂饰五爪金龙纹，贵妃、妃、嫔朝褂饰五爪蟒纹。皇子福晋以下朝褂形制只一种，皆饰蟒纹。

皇太后、皇后的礼服等级完全一样，而皇贵妃的礼服稍次一等，贵妃以下袍服皆用金黄色，其余饰品等级递降。

此外，皇后常服样式，与满族贵妇服饰基本相似，圆领、大襟，衣领、衣袖及衣襟边缘，都饰有宽花边，只是图案有所不同。

氅衣为清代的妇女服饰，氅衣与衬衣款式大同小异。衬衣为圆领、右衽、捻襟、直身、平袖、无开气的长衣。

氅衣则左右开衩开至腋下，开衩的顶端必饰有云头，且氅衣的纹样也更加华丽，边饰的镶滚更为讲究。纹样品种繁多，并有各自的含义。同样体现了典型的民族风格和时代特色。

清代朝服的形式与满族长期的生活习惯有关。为方便骑马射箭活动自如，满族服装的形式采用宽大的长袍和瘦窄的衣袖相结合，总的特点是长袍箭袖。

清入关后，生活环境发生了变化，长袍箭袖已失去实际作用。清代前期的几位皇帝认为：衣冠之制关系重大，它关系到一个民族的盛衰兴亡。到乾隆帝时进一步认识到，前代诸君不循国俗，致使衣冠传之未久。因此，清代的服饰不但没有改变，还在不断恢复完善，最终以典章制度的形式确定下来。

知识点滴

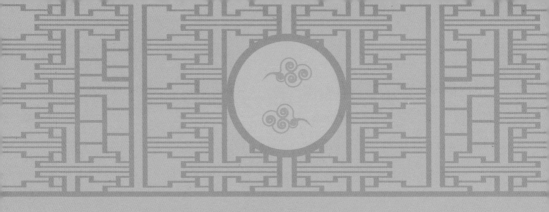

清代文武百官的服装制度

清代文是我国历史上服装制度最为庞杂和繁缛的时期，它的条文规章也多于以前任何一个朝代。清代服装制度所涉及的文武百官的冠服内容，包括冠帽上的顶戴与花翎、官服的类别，还有朝珠与朝带。

"冠"是指专门供贵族戴的帽子，是古代首服的一种。清代的冠分为"朝冠"和"吉服冠"两种。朝冠是为在职朝臣在朝受事或典祭礼仪之时戴用，吉冠是为一般礼仪时戴用。冠上的顶珠颜色及材料有多种，反映不同官员的品级。

清代男子的帽，有礼帽、便帽之分，礼帽，俗称"大帽子"，其制有二式：一为冬季所戴，称"暖帽"；一为夏季所戴，名"凉帽"。根据规定，每年三月开始戴凉帽，八月换戴暖帽。

暖帽多为圆形，周围有一道檐边，材料多为皮质，也有缎质、呢质、布质，视气候而变，暖帽中间装饰有用红色丝绦编成的帽纬，俗称"红缨"。帽纬之上装有顶珠，按品级而异，无品则无顶。

凉帽为圆锥形，用藤、竹、篾席、麦秸等材料编成，外裹绫罗，颜色多为白色，也有湖色及黄色。凉帽顶上也装有红缨、顶珠，制同暖帽。

清代官员佩戴冠帽，一定要有顶珠和花翎，这是区别清代官员品级的标志，也是清代官服制度中特有的一种"标识品序"的方法。

顶戴花翎，俗称为"顶珠""顶子"，是指那些当时有官爵者，所戴冠顶镶嵌的宝石而言。关于花翎，因为是插戴在朝冠或吉服冠上的，又与顶子相连，所以，人们便常常把它们放在一起，称为"顶戴花翎"。只有顶戴与花翎在一起时才表示该官员的完整"功名"。

花翎指的是带有"目晕"的孔雀翎，目晕俗称眼。配戴时，把有

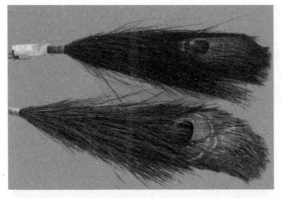

蓝翎和孔雀翎配在一起的小束翎子，用红线将翎根捆扎在一起，然后将它插进帽子的翎管之中。翎管是用翠或玻璃做成，是长约7厘米的圆形小管，顶部有孔，用红丝绳系在冠顶上。

清代初年，戴花翎并不是品级标志，只是作为一种特殊的赏赐，象征着一定的荣誉。顺治时的1661年对此项内容做了明确规定，即亲王、郡王、贝勒以及宗室等一律不许戴花翎，只有贝子以下，才可以戴。并明确规定贝子应戴三眼花翎，就是3个目晕连在一起的花翎，而国公应戴双眼的花翎，五品以上官员可戴单眼的花翎，即一个目晕。至于六品官员以下，一律要戴无"眼"的蓝翎。

蓝翎，是鹖鸟的羽毛。鹖鸟是一种比较凶残的天生好斗的鸟类，汉代时就用鹖鸟的羽毛作为武士冠顶上的装饰，象征勇猛与力量。鹖鸟的羽毛无晕，而且颜色闪蓝光，因而清代它叫蓝翎。按规定的服制，蓝翎比孔雀的花翎级别低。

清代官服类别是指各级官员所穿用的服装，包括皇帝、后妃、王公大臣及文武百官，他们除了日常服及出行用服以外，基本上被分成了两大类，即礼服和吉服。

礼服包括朝服、朝冠、端罩、衮服、朝袍、朝裙、龙褂等。补服也属于礼服的一种，是清代文武官服中最重要的一种，穿用场合很多。补服上官职与官位的标识是用胸前和背后的补子图案加以区分的，一般采用方形，长宽在40厘米左右。

　　清代官员所用补子比明代的补子要小些，前后成对，但前片一般是对开的，后片则一整片，主要原因是清代补服为外褂，形制是对襟的原因。

　　吉服包括吉服冠、衮服、龙袍、龙褂、蟒袍等。皇帝的龙袍属于吉服。按清代的服制，龙袍只限于皇帝，而一般官员以蟒袍为贵。

　　蟒袍，又叫"花衣"，是清代官员及其"命妇"穿在外褂内的专用服装，并以蟒数及蟒爪数量区分等级。

　　无论是穿礼服还是穿吉服，凡是符合佩戴朝珠、朝带或花翎的官员，一律要佩戴之。凡遇礼仪之时，参加者无论是皇帝、后妃，还是文武群臣，所穿服饰，一律要按礼节制度而行，按章守法，否则以失礼罪之。

　　朝珠与朝带，是清代礼服中的一种佩饰，自皇帝、后妃到文官五品，武官四品以上，皆可挂朝珠，是一种身份的象征。而军机处、科道、侍卫、礼部、国子监等所属的官员，不分等级一律可挂朝珠。这也是我国古代王公贵族佩玉之风的沿袭。

　　朝带是一种用四块金属板为装饰，衔接丝带的腰带。清代官员穿公服时要穿官靴，多为方头靴，穿便服时穿黑布鞋。靴与鞋的造型式样有云头、双梁、扁头等样式。另有公差等人穿的一种官靴，有一种叫"爬山虎"的快靴，底厚筒短，便于行路时跋山涉水。

总之，清代官服的继承与演变，说明了清代不单继承了汉族在历史上衣着的长处，而且还把自己民族经过检验、实践、证明既合于生活需要，又有民族特色的东西保留下来。将继承、改造、创新有机地融合在一起，为中华民族的古代服饰开拓了一个新的境界。

知识点滴

"龙"在我国传统文化中，有奇数为吉祥如意的含义。比如清代，在服装、建筑、器皿上应用不同形状的龙做装饰，就是一种对传统的继承和发展。

清代奇数龙图案除了应用在龙袍上外，还常常出现在建筑上，如九龙壁、九宫格龙图案、九九间宫殿龙饰等，都是以九龙做装饰，显示出统治者的赫赫权位。

清代民间习惯将五爪龙形蟒称为龙，四爪龙形蟒才称为蟒。实际上"龙"和"蟒"的形象基本相同，只是头部、尾部、火焰等处略有差别而已。